Mohamed Ahmed
Milad Okasha

Azeite

Mohamed Ahmed
Milad Okasha

Azeite

Índices de qualidade

ScienciaScripts

Imprint

Cover image: www.ingimage.com

This book is a translation from the original published under ISBN 978-3-659-83307-6.

Publisher:
Sciencia Scripts
is a trademark of
Dodo Books Indian Ocean Ltd. and OmniScriptum S.R.L publishing group

120 High Road, East Finchley, London, N2 9ED, United Kingdom
Str. Armeneasca 28/1, office 1, Chisinau MD-2012, Republic of Moldova, Europe
Printed at: see last page
ISBN: 978-620-8-28446-6

ÍNDICE DE CONTEÚDOS

Capítulo 1 2

Capítulo 2 6

Capítulo 3 34

1. INTRODUÇÃO

As gorduras não são apenas indispensáveis à vida como fonte de energia, mas também pelo seu papel estrutural na pele, na retina, no sistema nervoso, nas lipoproteínas e nas membranas biológicas. As gorduras são também precursoras de importantes hormonas e constituem o veículo de absorção das vitaminas lipossolúveis. Assim, a sua utilização incorrecta pode conduzir a doenças graves, como a aterosclerose e as doenças malignas (**Viola e Viola, 2009).**

A oliveira *(Oleo europaea)* é amplamente cultivada para a produção de azeite e azeitona de mesa e tem uma importância económica significativa. Durante o crescimento da oliveira, ocorrem várias alterações físicas e químicas, muitas das quais são importantes para a produção de azeitonas e de azeite (**Menz e Vriesekoop, 2010**). O azeite é um componente essencial da dieta mediterrânica tradicional, que se acredita estar associada a uma vida relativamente longa e com boa saúde. O azeite virgem é único entre outros óleos vegetais devido ao elevado nível de compostos fenólicos específicos, aos quais, juntamente com o elevado teor de ácidos gordos insaturados, são atribuídos os benefícios para a saúde do azeite virgem (**Visioli e Galli, 1998**). Os fenólicos do azeite contribuem também para o sabor caraterístico e para a elevada estabilidade do azeite virgem contra a oxidação. A fração fenólica do azeite virgem é constituída por uma mistura heterogénea de compostos, cada um dos quais varia em termos de propriedades químicas e tem impacto na qualidade do azeite virgem (**Hrncirik e Fritsche, 2004).**

A produção mundial de azeite atinge 2.800.000 toneladas e 98% desta produção encontra-se na bacia mediterrânica, onde este sistema agrícola se desenvolveu durante milhares de anos, caracterizando-se pela sua adaptação ao meio ambiente e pelo seu empirismo. Vários factores modificaram os sistemas de produção e transformação da azeitona nas últimas décadas. A crise da agricultura tradicional e a valorização do azeite, devido aos seus atributos organolépticos e à sua influência benéfica na saúde, são provavelmente os dois factores mais importantes. Como consequência, foram feitos grandes avanços na tecnologia do azeite. O azeite virgem é consumido não refinado, embora uma grande parte do azeite produzido tenha de ser refinado para se tornar comestível. Os tratamentos de refinação são necessários para remover ou reduzir o teor de substâncias menores que podem afetar a qualidade do azeite, tais como fosfolípidos, AGL, pigmentos, peróxidos, vestígios de metais, herbicidas e componentes voláteis. Os compostos fenólicos estão entre as substâncias eliminadas durante as diferentes etapas de refinação (**Abd El- Salam *et al.*, 2011**).

Até há cerca de 30 anos, quase todo o azeite era obtido por prensagem. Nos anos

70, os lagares abandonaram gradualmente o processo tradicional de prensagem da azeitona por razões económicas, uma vez que o método exige muita mão de obra. Atualmente, o método tradicional só é utilizado para a transformação de pequenas quantidades de azeite ecológico. O método alternativo é o sistema contínuo que funciona através da centrifugação da massa de azeitona batida, produzindo três produtos: azeite, bagaço e água residual, tal como o sistema de prensagem. Durante os anos 90, houve uma grande mudança na matéria-prima que chegava aos extractores de óleo de bagaço de azeitona. Isto deveu-se ao facto de um grande número de lagares espanhóis ter mudado o equipamento de extração contínua de azeite, passando do sistema trifásico para o sistema bifásico, a fim de otimizar os custos de extração e evitar a produção de uma água residual altamente poluente. Atualmente, podem considerar-se três tipos de bagaços de azeitona, dependendo do sistema de extração utilizado na azeitona **(Moral e Méndez, 2006).**

O azeite virgem extra está a tornar-se cada vez mais importante na alimentação devido aos seus efeitos benéficos para a saúde humana. Alguns destes efeitos estão associados ao teor de azeite virgem extra (**Owen *et al.*, 2000 a**). O azeite é considerado uma das melhores fontes de ácidos gordos e de antioxidantes naturais, como os polifenóis e os tocoferóis. As propriedades nutricionais, o excelente sabor e o aroma do azeite são altamente valorizados pelo seu efeito positivo na saúde humana. O azeite é constituído por ácidos gordos monoinsaturados, polinsaturados e saturados, principalmente sob a forma de ésteres com glicerol (triacilgliceróis), que constituem mais de 98% do conteúdo total do azeite. Os componentes menores importantes do azeite são os esteróis (o 0-sitosterol é a espécie de fitoesterol preponderante), os hidrocarbonetos (ricos em esqualeno), os polifenóis (o azeite virgem extra contém mais de 20 compostos fenólicos, para além dos produtos de hidrólise da oleuropeína e do ligstrosídeo), os compostos voláteis (principalmente os produtos secundários da oxidação), os terpenóis e os ácidos terpénicos (ácido maslínico), a água, o glicerol livre e os ácidos gordos livres, os mono e diacilgliceróis, etc. Por conseguinte, o azeite constitui uma matriz alimentar complexa e multicomponente, cuja análise não é uma tarefa fácil. Uma determinação válida e exacta da composição do azeite não é apenas uma questão de estabelecer a sua superioridade em relação a outros óleos comestíveis, mas, mais importante ainda, de avaliar a sua qualidade e autenticidade. A monitorização da qualidade do azeite (por exemplo, histórico de armazenamento, estabilidade à oxidação, teor de óleo nas sementes oleaginosas) e a autenticação (deteção de adulteração ou origem da produção) constituem hoje o principal desafio para a indústria do azeite e para os laboratórios de controlo alimentar. Várias organizações internacionais (União Europeia, Conselho Oleícola Internacional) e nacionais estabeleceram regras, métodos e limites de deteção para a composição e os vários parâmetros físico-químicos do azeite, numa tentativa de proteger a qualidade e a autenticidade do azeite contra acções ilegais. A abordagem habitual para detetar fraudes consiste em comparar a composição química do azeite suspeito com os limites oficiais para vários dos seus constituintes e/ou constantes físicas promulgados pelos regulamentos oficiais **(Dais e Hatzakis, 2013)**.

O azeite tem uma importância económica e social extraordinária na bacia mediterrânica, especialmente em Espanha e Itália, que são os principais produtores mundiais deste óleo. Os custos associados à colheita da azeitona e à extração do azeite são muito elevados. Por conseguinte, é essencial obter uma boa utilização de todos os produtos derivados do olival para tornar a cultura rentável. Os compostos menores são de grande importância na composição final do azeite, pois influenciam a estabilidade e a aceitabilidade geral, bem como as propriedades nutricionais e de saúde do azeite. Compostos como os esteróis, o esqualeno e os tocoferóis são de grande interesse como produtos de elevado valor acrescentado devido às suas actividades nutracêuticas. Os tocoferóis são bem conhecidos como componentes da vitamina E; a sua presença no azeite tem sido amplamente descrita. Atualmente, os tocoferóis são de interesse crescente na indústria alimentar devido à sua atividade antioxidante e a outros efeitos nutracêuticos **(Ibanez *et al.*, 2002)**.

Os esteróis e os dióis triterpénicos são constituintes importantes do azeite e constituem a maior parte da sua fração insaponificável. Estudos anteriores mostraram que cada fruto oleaginoso tem um perfil caraterístico destes compostos, o que torna a sua determinação um instrumento importante para autenticar a genuinidade do azeite e detetar adulterações, por exemplo, no caso da deteção de uma mistura com óleo de avelã (**Vichi *et al.*, 2001**). Por este motivo, o teor de esteróis e triterpenos dióis no azeite é regulamentado pela legislação da União Europeia (**CEE, 1991**) e pela norma comercial aplicável aos azeites e óleos de bagaço de azeitona estabelecida pelo Conselho Oleícola Internacional (**COI, 2011**). Além disso, a importância dos esteróis manifesta-se através da exibição de certos benefícios para a saúde que contribuem significativamente para o valor nutricional do azeite. Tem sido relatado que estes compostos têm efeitos hipocolesterolémicos, anti-inflamatórios e anti-carcinogénicos.

O azeite virgem (VOO) é um produto alimentar fundamental e indispensável na dieta mediterrânica tradicional, com o seu aroma, sabor e propriedades nutricionais há muito valorizados, diretamente relacionados com componentes menores da sua composição, principalmente compostos fenólicos e voláteis. Atualmente, o mercado do azeite virgem (VOO) é altamente competitivo e globalizado; por conseguinte, os produtores necessitam de produzir azeite virgem extra (EVOO) de alta qualidade, geralmente denominado superior ou premium, para serem bem sucedidos, e muitos produtores tomaram consciência deste desafio. Isto está a ser possível graças a um conhecimento mais profundo dos efeitos das condições de colheita e processamento, bem como do papel dos constituintes menores, na qualidade final deste produto alimentar muito apreciado. Como é sabido, os componentes menores do azeite virgem extra, em particular os compostos fenólicos e voláteis, estão intrinsecamente relacionados com a qualidade global e os atributos sensoriais positivos do azeite (**Inarejos-Garcia *et al.*, 2013**).

Apesar de a Líbia ser um dos principais produtores de azeitona, é despendido um montante considerável de divisas na importação de óleos vegetais, incluindo o azeite. Além disso, existem muito poucos dados disponíveis sobre a produção total, as utilizações e as caraterísticas do azeite líbio **(Rana e Ahmed, 1981)**.

Assim, é de grande importância realizar mais investigações para lançar luz sobre os azeites extraídos das variedades de frutos da oliveira. No entanto, poucos esforços têm sido feitos, assim como poucos relatórios sobre as variedades de azeite africanas têm sido publicados neste domínio.

2. COMPOSIÇÃO NUTRICIONAL E QUÍMICA DO AZEITE

2.1 Valor nutricional dos azeites virgens

A composição em ácidos gordos do azeite virgem tem grande importância do ponto de vista da saúde. Vários estudos demonstraram a importância dietética da composição em ácidos gordos dos lípidos (**Aguilera *et al.*, 2000**). As dietas ricas em ácidos gordos monoinsaturados e pobres em ácidos gordos saturados reduziram o colesterol das lipoproteínas de baixa densidade (LDL) e o colesterol total sem alterar os níveis benéficos de colesterol das lipoproteínas de alta densidade (**Mensink e Katan, 1992**). Noutros trabalhos (**Ramirez-Tortosa *et al.*, 1998**), foi demonstrado que uma dieta rica em azeite virgem ou refinado protegia as partículas de LDL da oxidação. Do mesmo modo, as partículas de LDL ricas em ácido oleico e pobres em ácidos gordos polinsaturados tornam-se mais resistentes à oxidação (**Baroni *et al.*, 1999**).

Na bacia do Mediterrâneo, o azeite, juntamente com as frutas, os legumes e o peixe, são constituintes importantes da dieta e são considerados factores importantes na preservação de uma população saudável e relativamente livre de doenças. De facto, os dados epidemiológicos mostram que a dieta mediterrânica tem efeitos protectores significativos contra o cancro e as doenças coronárias. Os produtos da azeitona, componentes típicos da dieta mediterrânica, contêm elevadas concentrações de fenóis complexos, que são dotados de uma forte atividade antioxidante. As classes mais importantes de compostos fenólicos nos produtos da azeitona, nomeadamente nas azeitonas de mesa, incluem os ácidos fenólicos, os álcoois fenólicos, os flavonóides e os secoiridóides (**Owen *et al.*, 2003** e **Vinhas *et al.*, 2005).**

A diabetes mellitus é um dos principais problemas de saúde nos países desenvolvidos e a sexta maior causa de morte. É uma doença metabólica grave e potencialmente muito séria, pois pode causar muitas complicações que prejudicam seriamente a saúde, como doenças cardiovasculares, insuficiência renal, cegueira e distúrbios da circulação periférica. Uma dieta rica em azeite não é apenas uma boa alternativa no tratamento da diabetes; pode também ajudar a prevenir ou retardar o aparecimento da doença. Para tal, previne a resistência à insulina e as suas possíveis implicações perniciosas, aumentando o colesterol HDL, diminuindo os triglicéridos e assegurando um melhor controlo dos níveis de açúcar no sangue e uma pressão arterial mais baixa. Está demonstrado que uma dieta rica em azeite, pobre em gorduras saturadas e moderadamente rica em hidratos de carbono e fibras solúveis provenientes de frutos, legumes, leguminosas e cereais é a abordagem mais eficaz para os diabéticos. Além de reduzir as "más" lipoproteínas de baixa densidade, este tipo de dieta melhora o controlo do açúcar no sangue e aumenta a sensibilidade à insulina.

Estes benefícios foram documentados tanto na diabetes infantil como na diabetes do adulto (**ADA, 1994**).

As doenças cardiovasculares são hoje reconhecidas como a principal causa de morte no mundo industrializado. Uma grande variedade de estudos documentou que a arteriosclerose (em que manchas ricas em colesterol se depositam nas paredes das artérias, impedindo assim o sangue de chegar aos tecidos e obstruindo o funcionamento de órgãos vitais como o coração e o cérebro) está intimamente ligada aos hábitos alimentares, ao estilo de vida e a alguns aspectos do desenvolvimento económico. A progressão da arteriosclerose depende de muitos factores, sendo os mais importantes o colesterol elevado no sangue, a hipertensão arterial, a diabetes e o consumo de tabaco. Curiosamente, foi referido que as taxas mais baixas de morte por doença coronária ocorrem atualmente em países onde o azeite é praticamente a única gordura consumida (**Ferro-Luzzi e Branca, 1995**).

O azeite é uma boa fonte de gordura monoinsaturada e é um componente principal da Dieta Mediterrânica. O azeite é considerado como um sumo natural que contribui para o sabor, o aroma e as vitaminas. O papel do azeite na saúde humana está relacionado com o seu elevado teor de ácidos gordos monoinsaturados e o seu elevado teor de compostos antioxidantes. O azeite preserva contra as doenças cardíacas, controlando os níveis de colesterol das lipoproteínas de baixa densidade (LDL) e aumentando os níveis de colesterol das lipoproteínas de alta densidade (HDL). A vitamina E (alfa-tocoferol), os carotenóides e os compostos fenólicos, como o hidroxitirosol e a oleuropeína, são todos antioxidantes que demonstram alguns efeitos na prevenção de certas doenças e do envelhecimento (**Owen *et al.*, 2000 b)**.

O azeite tem uma série de efeitos imediatos em todo o sistema digestivo. Na Antiguidade, era recomendado para diversas afecções digestivas, e as suas propriedades benéficas são atualmente corroboradas por estudos epidemiológicos e por uma grande quantidade de dados científicos (**Alarcon de la Lastra *et al.*, 2001**).

O azeite é um componente essencial da dieta mediterrânica tradicional, que se acredita estar associada a uma vida relativamente longa e com boa saúde. O azeite virgem (VOO) é único entre outros óleos vegetais devido ao elevado nível de compostos fenólicos específicos, aos quais, juntamente com o elevado teor de ácidos gordos insaturados, são atribuídos os benefícios para a saúde do VOO (**Hrncirik e Fritsche, 2004).**

Os compostos fenólicos demonstraram inibir a oxidação do LDL in vitro e ex vivo; no entanto, são compostos hidrossolúveis, enquanto o LDL é uma lipoproteína. A análise dos compostos fenólicos nas LDL por HPLC é necessária para demonstrar a sua capacidade de ligação às lipoproteínas. Desenvolveram e validaram um método de extração em fase sólida (SPE) que nos permitiu a purificação de amostras de LDL e a sua análise por HPLC. Esta metodologia permitiu-nos demonstrar a capacidade de ligação in vitro do tirosol, um dos principais compostos fenólicos do azeite, às LDL. No estudo dietético de intervenção com voluntários, os alimentos ricos em compostos fenólicos afectaram a composição das LDL. Não se observaram alterações na composição fenólica do LDL após a ingestão a curto prazo de alimentos ricos em compostos fenólicos. No entanto, após uma semana de consumo de azeite e de dieta mediterrânica, verificou-se um aumento dos fenólicos (p=0,021). Parece ser necessário um efeito de acumulação para observar diferenças significativas na composição fenólica das LDL **(Lamuela-Raventos *et al.*, 2004)**.

Os estudos epidemiológicos realizados na última parte do século XX demonstram de forma bastante conclusiva que as populações da bacia mediterrânica têm um estilo de vida saudável, com uma incidência reduzida de doenças degenerativas. Os dados mostram que as populações da Europa que consomem a chamada "dieta mediterrânica" têm menor incidência de doenças graves, como o cancro e as doenças cardiovasculares. Os estudos sugerem que os benefícios da dieta mediterrânica para a saúde se devem principalmente a um elevado consumo de fibras, peixe, frutas e legumes. A investigação mais recente centrou-se noutros factores importantes, como as azeitonas e o azeite. Obviamente, as fibras (especialmente os produtos derivados de cereais integrais), as frutas e os legumes constituem uma importante fonte de antioxidantes alimentares. Qual é a contribuição das azeitonas e do azeite? Aparentemente, o potencial é extremamente elevado, mas os estudos epidemiológicos raramente investigam em profundidade o consumo destes produtos tão importantes, talvez devido à falta de informações exactas sobre os tipos e as quantidades de antioxidantes presentes. Estudos recentes demonstraram que as azeitonas e o azeite contêm antioxidantes em abundância. As azeitonas (especialmente as que não foram submetidas ao processo de salga espanhol) contêm até 16 g/kg, caracterizados por acteósidos, hidroxitirosol, tirosol e ácidos fenil propiónicos. O azeite, especialmente o virgem extra, contém quantidades menores de hidroxitirosol e tirosol, mas também contém secoiridoides e lignanos em abundância. Tanto as azeitonas como o azeite contêm quantidades substanciais de outros compostos considerados agentes anticancerígenos (por exemplo, esqualeno e terpenóides), bem como o ácido oleico, um lípido resistente à peroxidação. Parece provável que o consumo de azeitona e de azeite no sul da Europa represente um contributo importante para os efeitos benéficos da dieta mediterrânica para a saúde (**Owen *et al.*, 2004**).

Foi demonstrado que o azeite desempenha um papel importante no sistema imunitário (**Pablo *et al.*, 2004**). O sistema imunitário defende o organismo contra a invasão de substâncias estranhas (toxinas, microrganismos, parasitas, processos tumorais, etc.) através da coordenação de mecanismos específicos e não específicos. São constituídas pela pele, pelas mucosas, pelo sistema do complemento (o complemento, um grupo de cerca de 20 proteínas fabricadas no fígado, ajuda a destruir os microrganismos), por factores hormonais, etc., e a sua ação não é afetada pelo contacto prévio com uma substância estranha. Após a exposição a uma substância estranha, ocorrem mecanismos específicos que requerem a participação dos linfócitos B (sistema humoral) e dos linfócitos T (sistema celular). A imunidade inata responde de forma semelhante à maioria dos micróbios, ao passo que a resposta imunitária específica varia consoante o tipo de microrganismo, a fim de o eliminar o mais eficazmente possível.

Diversos estudos de investigação referem uma relação estreita entre a alimentação e a tensão arterial. Certos alimentos podem aumentar a tensão arterial, para além de terem um efeito no peso corporal. A pressão arterial elevada (hipertensão arterial) é diagnosticada quando os valores da pressão arterial são constantemente superiores a 140/90 mmHg. A hipertensão é um dos principais factores de risco coronário no desenvolvimento da arteriosclerose. Juntamente com o colesterol elevado, o tabagismo, a obesidade e a diabetes, é um dos principais problemas de saúde do mundo desenvolvido, sendo que um em cada quatro adultos é hipertenso. Tal como outros factores de risco, o estilo de vida pode contribuir para a hipertensão arterial. A hipertensão aumenta o risco de morte precoce devido aos danos causados nas artérias do corpo, especialmente as que fornecem sangue ao coração, rins, cérebro e olhos. Há provas recentes de que, quando se consome azeite, a dose diária de medicamentos necessária para controlar a pressão arterial em doentes hipertensos pode ser reduzida - possivelmente devido a uma redução do ácido nítrico causada pelos polifenóis (**Psaltopoulou *et al.*, 2004**).

Nos últimos anos, o consumo de alimentos ricos em antioxidantes tem sido amplamente recomendado. É o caso do azeite na dieta mediterrânica. É sabido que alguns dos compostos presentes no azeite virgem - fenóis e fosfolípidos - não só afectam a qualidade sensorial do azeite, como também têm um efeito antioxidante. A sua capacidade de se ligarem aos metais presentes no azeite pode inibir a atividade catalítica dos metais e a sua capacidade de eliminação de radicais é também bem conhecida **(Weinbrenner *et al.*, 2004)**.

A obesidade é um dos principais problemas de saúde no Ocidente, porque muitas pessoas comem grandes quantidades e fazem pouco exercício físico. Hoje em dia, especialmente nas cidades, as pessoas estão a adotar um estilo de vida sedentário e stressante. Mais de metade da população de alguns países industrializados tem excesso de peso, o que leva a um risco acrescido de hipertensão arterial, diabetes, colesterol e triglicéridos elevados - todos factores que aumentam o risco de doenças cardiovasculares. O azeite é um nutriente de grande valor biológico. Como todas as outras gorduras e óleos, é rico em calorias (9 kcal por grama), o que poderia levar a supor que poderia contribuir para a obesidade. No entanto, a experiência mostra que há menos obesidade entre os povos mediterrânicos, que são os que consomem mais azeite. Está demonstrado que uma dieta rica em azeite conduz a uma perda de peso maior e mais duradoura do que uma dieta pobre em gorduras. Além disso, é mais facilmente aceite, porque tem um sabor agradável e estimula o consumo de legumes (**Bes-Rastrollo** ***et al.*****, 2007**).

O elevado valor nutricional dos azeites virgens extra está relacionado com a presença de muitos componentes com propriedades químicas e nutricionais interessantes, incluindo antioxidantes e esteróis. Estes compostos, juntamente com outros componentes menores, contribuem para a estabilidade oxidativa do azeite. No entanto, os mecanismos de reação de algumas destas substâncias não são completamente conhecidos. Os efeitos pró-oxidantes ou antioxidantes destes compostos são geralmente avaliados em sistemas modelo, que não são totalmente representativos da estrutura e composição da matriz alimentar; este tipo de conjunto experimental não considera, por vezes, os efeitos sinérgicos ou antagónicos com outros compostos naturalmente presentes nos alimentos e, por conseguinte, pode dar origem a resultados enganadores relativamente à atividade pró-oxidante ou antioxidante de certas substâncias. No azeite, existe uma série de compostos com alegado poder antioxidante, como os polifenóis, os carotenóides e os tocoferóis (**Cercaci** ***et al.*****, 2007**).

O azeite reduz o risco de cancro da mama e de certos tumores malignos (próstata, endométrio, aparelho digestivo). **Perez-Jimenezet** ***al.*** **(2007)** relataram que o consumo de azeite como parte da Dieta Mediterrânica diminui a pressão arterial sistólica e diastólica. Também foi demonstrado que uma dieta rica em azeite, pobre em gorduras saturadas, moderadamente rica em hidratos de carbono e fibras solúveis provenientes de frutas, legumes, leguminosas e cereais é a abordagem mais eficaz para os diabéticos. Além de reduzir as "más" lipoproteínas de baixa densidade, este tipo de dieta melhora o controlo do açúcar no sangue e aumenta a sensibilidade à insulina. Além disso, foi determinado que este tipo de dieta permite uma perda de peso mais duradoura. O azeite também inibe a motilidade gástrica. Como resultado, o conteúdo gástrico do estômago é libertado mais lentamente. O azeite impede parcialmente a absorção do colesterol pelo intestino delgado, devido à presença de P-sitosterol no azeite. Também mobiliza a absorção de vários nutrientes, como o cálcio, o ferro e o magnésio.

Quando o azeite chega ao estômago, não reduz o tónus do anel muscular ou esfíncter na base do esófago. Por isso, reduz o risco de fluxo ou refluxo de alimentos e sucos gástricos do estômago para o esófago. O azeite também inibe parcialmente a motilidade gástrica. Como resultado, o conteúdo gástrico do estômago é libertado de forma mais lenta e gradual para o duodeno, dando uma maior sensação de "saciedade" e favorecendo a digestão e absorção de nutrientes no intestino (**Romero *et al.*, 2007**).

Muitos estudos investigaram os efeitos protectores da oleuropeína e do hidroxitirosol contra a lesão celular, mas poucos investigaram os efeitos protectores das agliconas da oleuropeína, o ácido 3,4-dihidroxifeniletanol-elenólico (3,4-DHPEA-EA) e o dialdeído do ácido 3,4-dihidroxifeniletanol-elenólico (3,4-DHPEA-EDA).**Paiva-Martinset *al.* (2009)** estudaram e compararam a capacidade destes quatro compostos, encontrados em concentrações elevadas no azeite, para proteger os glóbulos vermelhos (RBCs) da lesão oxidativa. O stress oxidativo in vitro dos glóbulos vermelhos foi induzido pelo iniciador radicalar solúvel em água 2, 29-azo-bis (2- amidinopropano) dihidrocloreto. As alterações das hemácias foram avaliadas por microscopia ótica ou pela quantidade de hemólise. Todos os compostos mostraram proteger significativamente as hemácias dos danos oxidativos de uma forma dependente da dose. A ordem de atividade a 20 lM foi: 3,4-DHPEA-EDA A hidroxitirosol A oleuropeína A 3,4-DHPEA-EA. Mesmo a 3 lM, o 3,4-DHPEA- EDA e o hidroxitirosol continuaram a ter uma atividade protetora importante. No entanto, as alterações morfológicas deletérias das hemácias foram muito mais evidentes na presença de hidroxitirosol do que na presença de 3,4-DHPEA-EDA. Pela primeira vez, foi demonstrado que o 3,4-DHPEA-EDA, um dos polifenóis mais importantes do azeite, pode desempenhar um papel protetor notável contra a lesão oxidativa induzida por ROS em células humanas, uma vez que foram necessárias doses mais baixas deste composto para proteger as hemácias in vitro da hemólise mediada por oxidação.

As gorduras são indispensáveis à vida, não só como fonte de energia, mas também pelo seu papel estrutural na pele, na retina, no sistema nervoso, nas lipoproteínas e nas membranas biológicas. São também precursores de importantes hormonas e constituem o veículo de absorção das vitaminas lipossolúveis. Os nutricionistas recomendam uma ingestão equilibrada de lípidos correspondente a uma quantidade total de gorduras igual a 25% a 30% do total de calorias, com uma proporção de ácidos gordos monoinsaturados e polinsaturados. Assim, o azeite, com a sua composição equilibrada de ácidos gordos, tem um elevado valor nutricional. Além disso, o azeite virgem extra, extraído de um fruto, tem um valor importante relacionado com o poder antioxidante de componentes menores. O azeite virgem extra contém 98%

a 99% de triglicéridos e 1% a 2% de componentes menores. Nos triglicéridos, os principais ácidos gordos são os monoinsaturados (oleico), com uma pequena quantidade de saturados e uma quantidade adequada de polinsaturados. Os componentes menores são o a-tocoferol, os compostos fenólicos, os carotenóides, o esqualeno, os fitoesteróis e a clorofila. Os factores que podem influenciar a composição do azeite, especialmente no que diz respeito aos seus componentes menores, são a cultivar, a área de produção, a época de colheita e o grau de tecnologia utilizado na sua produção. Por conseguinte, é relatada uma avaliação do valor biológico do azeite virgem extra e da sua utilização como matéria-prima tópica em dermatologia cosmética **(Viola e Viola, 2009).**

2.2 Composição química do azeite.

O fruto da oliveira é uma drupa, de forma oval, composta por duas partes fundamentais: o pericarpo e o endocarpo (caroço ou amêndoa). O pericarpo é composto pelo epicarpo (pele) e pelo mesocarpo (polpa). O pericarpo contém 96% a 98% da quantidade total de óleo, estando os restantes 2% a 4% na amêndoa **(Hashim *et al,* 2005)**.

2.2.1 Os principais componentes do azeite

O azeite pode ser dividido em fracções maiores e menores no que diz respeito à sua composição química. Os componentes principais, que incluem os triacilgliceróis (TAG) e o grupo de compostos glicerídicos constituídos por ácidos gordos livres (AGL) e mono (MAG) e diacilgliceróis (DAG), representam mais de 98% do peso total do azeite **(Servili *et al.*, 2004).**

Nergiz e Engez (2000) determinaram a composição em ácidos gordos das azeitonas das cultivares *Memecik* convencionais com diferentes índices de maturação. Verificaram que os principais ácidos gordos identificados foram os ácidos palmítico (13,9-15,0 %), palmitoleico (0,94-1,60 %), esteárico (2,23-2,73 %), oleico (63,7-71,5 %) e linoleico (7,7 -15,6 %).

Gutiérrez *et al.* (2002) determinaram a composição em ácidos gordos de três amostras de azeite de cultivares de oliveira *(Picual, Hojiblanca e Arbequina).*Verificaram que o ácido oleico (um ácido gordo monoinsaturado) representava uma concentração muito mais elevada do que os outros ácidos gordos, variando entre 71,88 e 79,67%, seguido do palmítico (9,64-14,04%), linoleico (3,06-9,39%), esteárico (1,79-2,93%) e palmitoleico (0,46-1,27%).

Beltran *et al.*, (2004) estudaram o efeito do ano agrícola e da época de colheita na composição em ácidos gordos do azeite virgem cv. *Picual* durante o período de maturação dos frutos em três épocas de colheita. Verificaram que os azeites continham ácido palmítico (11,9%), ácido oleico (79,3%) e ácido linoleico (2,95%). O teor de ácido palmítico e de ácidos gordos saturados diminuiu durante a maturação dos frutos, enquanto os ácidos oleico e linoleico aumentaram. A quantidade de ácidos esteárico e linolénico diminuiu. A quantidade de ácidos saturados, palmítico e esteárico, e dos ácidos polinsaturados linoleico e linolénico dependeu do momento da colheita, enquanto a quantidade de ácido oleico variou com o ano de colheita. As diferenças observadas entre os anos de colheita, tanto para o ácido palmítico como para o ácido linoleico, podem ser explicadas pelas diferenças de temperatura durante a biossíntese do óleo e pela quantidade de precipitação estival para o teor de ácido oleico. Foi observada uma relação significativa entre a relação MUFA/PUFA e a estabilidade oxidativa medida pelo método Rancimat.

As plântulas provenientes de cruzamentos entre as cultivares de oliveira *"Arbequina", "Frantoio" e "Picuak" foram* avaliadas por **Leon *et al.* (2004)** quanto à composição em ácidos gordos durante dois anos consecutivos. A análise dos principais ácidos gordos do azeite foi efectuada por cromatografia gasosa: palmítico (C16:0), palmitoleico (C16:1), esteárico (C18:0), oleico (C18:1) e linoleico (C18:2). As percentagens de ácidos palmítico, palmitoleico, esteárico, oleico e linoleico variaram de 7,9 a 21,6%, de 0,7 a 8,1%, de 1,0 a 8,1%, de 43,5 a 84,7% e de 1,6 a 29,2%, respetivamente. O ácido oleico monoinsaturado é nitidamente predominante, seguido do ácido palmítico saturado e do ácido linoleico polinsaturado (67%, 14% e 10% em média, respetivamente). A composição em ácidos gordos varia consoante os cruzamentos avaliados, embora se tenham obtido amplas gamas de variação em todas as combinações testadas. Foram encontradas diferenças significativas entre cruzamentos para todos os ácidos gordos analisados, exceto para o ácido palmítico, e entre anos para todos eles, exceto para o ácido esteárico, sendo a interação cruzamentos x ano não significativa para nenhum deles. A grande variabilidade observada para todos os ácidos gordos representa uma base muito promissora para a obtenção de novas cultivares de oliveira com elevada qualidade de azeite, uma vez que a propagação vegetativa permite a conservação das plantas mais interessantes.

A composição química do azeite virgem pode ser influenciada pelo genótipo e por diferentes factores agronómicos (ou seja, grau de maturação dos frutos, abastecimento de água) e tecnológicos. **Baccouri *et al.* (2008 a)** estudaram a influência do estádio de maturação da azeitona nos índices de qualidade e na composição em ácidos gordos dos azeites virgens das duas principais cultivares monovarietais tunisinas *(Chétoui* e *Chemlali)*. Verificaram que o palmítico, o esteárico, o oleico e o linoleico são os principais ácidos gordos. Os ácidos palmitoleico, linolénico e araquídico foram também determinados em pequenas quantidades em todas as amostras. Os ácidos margárico, margarólico, behénico, gadoleico e lignocérico estavam presentes em menos de 0,2% nos azeites monovarietais estudados. Em todas as amostras, o ácido oleico é sempre o composto mais abundante, nunca inferior a 59% do total de ácidos gordos. Verifica-se que, à exceção dos ácidos palmítico, esteárico, linoleico e linolénico, o teor de ácidos gordos não varia durante o processo de maturação.

Baccouri *et al.* (2008 b) avaliaram a composição em ácidos gordos dos azeites virgens de algumas azeitonas selvagens selecionadas *(Olea europaea L. subsp. Oleaster).* Verificaram que os principais ácidos gordos eram o oleico, o palmítico, o linoleico, o esteárico e o palmitoleico. O ácido oleico é o principal ácido gordo monoinsaturado, com níveis elevados (71,1 a 78,4 %) de acordo com os genótipos. O ácido palmítico, o principal ácido gordo saturado, variou entre 8,7 e 11,9 %, enquanto o ácido linoleico foi o ácido gordo poli-insaturado dominante, variando entre 6,8 e 14,2 %. Outro ácido saturado importante foi o esteárico; o seu teor situou-se entre 1,5 e 3,5% nos óleos *MAT7* e *ZI1*, respetivamente. Quanto aos outros ácidos gordos, o palmitoleico (C16:1) e o araquídico (C20:0), embora os seus teores variassem de um azeite para outro, eram bastante reduzidos.

de Caraffa *et al.* (2008) avaliaram a composição em ácidos gordos dos azeites das nove principais cultivares da região da Córsega, na Ilha. Os nove azeites apresentaram uma composição típica de ácidos gordos com uma elevada proporção de ácidos gordos monoinsaturados (MUFA) (70,9-80,7%) e uma baixa proporção de ácidos gordos polinsaturados (PUFA) (4,5-12,4%). Os principais ácidos gordos são o ácido oleico (18:1) (69,9-78,9%), o ácido palmítico (16:0) (8,7-16,1%) e o ácido linoleico (18:2 n-6) (4,0-11,5%).

A fração oleosa do azeite é constituída por seis ácidos gordos principais: oleico e palmitoleico, que são monoinsaturados; palmítico e esteárico, que são saturados; e linoleico e linolénico, que são ácidos gordos poli-insaturados. O ácido oleico (um ácido gordo monoinsaturado) está representado numa concentração muito mais elevada (55,23-86,64%) do que os outros ácidos gordos: linoleico (2,7-20,24%), palmítico (6,30-20,93%), esteárico (0,32-5,33%), palmitoleico (0,32-3,52%) e linolénico (0,11-1,52%). Devido ao facto de o ácido oleico ser predominante no azeite, a classificação do azeite é feita por gordura monoinsaturada. Outros ácidos gordos encontrados no azeite em baixas concentrações são os ácidos mirístico, margárico, heptadecanóico, araquídico, beénico e lignocérico **(Garcia-Gonzalez *et al.*, 2008).**

Kharazi (2008) determinou a composição de ácidos gordos de três variedades de azeitona iraniana *(Shanghe, Roghani e Zard)* que são cultivadas no norte do Irão. Verificou que o ácido oleico era o ácido gordo predominante em todas as amostras de azeite, variando entre 65 e 76%, seguido do ácido linoleico, que estava representado entre 4,7 e 6,3%.

A composição em ácidos gordos do azeite, determinada por **Assy *et al.* (2009)**, mostrou que cada 100 g de azeite contém os seguintes ácidos gordos: MUFA 73,7 g (ácido n-9 oleico 18:1); ácidos gordos saturados (SFA) 13,5 g (ácido palmítico 16:0); ácidos gordos polinsaturados (PUFA) 7,9 g (ácido n-6 linoleico 18:2 e ácido n-3 alfa-linoleico 18:3).

Aydin *et al.* (2009) determinaram a composição dos ácidos gordos em duas variedades de *azeite (*variedades *Memecik* e *Tavçanyüregiolive*), tendo verificado que os principais ácidos gordos identificados por cromatografia gasosa eram o ácido palmítico (16:0), o ácido palmitoleico (16:1), o ácido esteárico (18:0), o ácido oleico (18:1) e o ácido linoleico (18:2). Dos ácidos gordos identificados, o ácido láurico (12:0), o ácido linolénico (18:3), o ácido araquídico (20:0), o ácido eicosenóico (20:1), o ácido beénico (22:0) e o ácido lignosérico (24:0) foram encontrados em quantidades vestigiais. Como esperado, o teor de ácido oleico foi o principal ácido gordo do azeite. O ácido oleico estava representado em concentrações muito mais elevadas do que os outros ácidos gordos.

Gulfrazet *al.* (2009) determinaram a composição em ácidos gordos de um novo óleo comestível extraído de amostras de frutos de azeitona selvagem *(Oleacuspidata)*, possivelmente utilizado para consumo humano. Verificaram que o ácido teóleico (69,3 a 74,5%), o ácido linoleico (11,2 a 15,2%), o ácido linolénico (1,3 a 3,2%), o ácido palmitoleico (1,10 a 2,10%), o ácido palmítico (11,2 a 14,0%) e o ácido esteárico (0,1 a 0,2%) se mantiveram próximos dos relatados para o azeite comercialmente disponível extraído de *Olea europea.* O novo óleo pode ser utilizado como alternativa ao azeite na alimentação humana após estudos toxicológicos.

Kaskoos *et al.*, (2009) investigaram a composição em ácidos gordos, a estabilidade e as caraterísticas nutricionais do óleo fixo de *Olea europaea* Drupes do Iraque, localmente conhecido como *Zaytoon.* O óleo é vulgarmente conhecido como azeite e é utilizado em todo o mundo, acreditando-se que desempenha um papel importante na saúde e na nutrição humanas. É considerado como uma das mais recentes fontes de óleo comestível. O facto de existirem poucos relatórios de análise do azeite do Iraque, em comparação com outras partes do mundo, também nos levou a examinar quimicamente. A composição em ácidos gordos do azeite foi determinada por GC-FID capilar. Foram identificados trinta (95,88%) no azeite. Os principais ácidos gordos do azeite eram o ácido oleico (68,07±1,089%), o ácido palmítico (12,12±0,162%), o ácido araquídico (9,78±0,155%), o ácido docosahexaenóico DHA (2,65±0,041%) e o ácido eicosapentaenóico EPA (053±0,01). O DHA e o EPA são ácidos gordos polinsaturados (PUFA) altamente valorizados e fazem parte de vários alimentos saudáveis e nutracêuticos. O índice de peroxidabilidade calculado para o óleo foi de 27,37% e o rácio insaturado/saturado foi de 3,25. O elevado teor de ácidos gordos insaturados indica o seu potencial como promotor de saúde. Além disso, é de esperar que ofereça uma resistência considerável à rancidez oxidativa durante o armazenamento.

Kiralanet *al.* (2009) determinaram a composição em ácidos gordos de algumas importantes cultivares de azeitona *(Kilis yaglik, Halhali, Karamani, Hasebi, Nizip yaglik)* na região do Mediterrâneo Oriental. Os resultados indicaram que a composição em ácidos gordos variava consoante as amostras, mas o nível de todos os ácidos gordos estava dentro dos limites normais. Os ácidos oleico e palmítico foram os principais ácidos gordos e variaram entre 64,56-73,31 e 10,90- 16,72%, respetivamente. O rácio ácido oleico/ácido linoleico (O/L) variou entre 4,76 e 8,98. Os ácidos margárico, margarólico, behénico, gadoleico e lignocérico estavam presentes em pequenas quantidades em todas as amostras. A relação entre o ácido oleico e o ácido linoleico é considerada indicativa da estabilidade oxidativa do azeite.

O primeiro tipo é caracterizado por um baixo teor de ácido linoleico e palmítico e um elevado teor de ácido oleico, e os azeites virgens turcos (tal como os espanhóis, italianos e gregos) são considerados como pertencendo a este tipo. Por conseguinte, o azeite *Memecikolive* pode ser classificado neste primeiro tipo. Num estudo realizado por **Dolgun *et al.* (2010)**, a composição em ácidos gordos da cultivar de azeitona Memecik convencional (RI: 6,21) apresentava a maior concentração de ácido oleico (61,96 %), seguido dos ácidos linoleico (17,14 %), palmítico (14,71 %), esteárico (3,19 %) e linolénico (0,70 %).

Hashempouret *al.* (2010 a) avaliaram a qualidade do azeite virgem de três grandes cultivares iranianas, incluindo *'Zard', 'Roghani'* e *'Mark*, cultivadas na região de Kazeroon, localizada na parte sul do Irão. As composições de ácidos gordos dos azeites eram diferentes consoante a variedade. O ácido oleico (C18:1) foi o principal ácido gordo monoinsaturado, representando concentrações elevadas (72,60-77,92%). Outro ácido gordo monoinsaturado foi o ácido palmitoléico (C16:1) que apresentou os valores médios mais elevados (1,77%) no óleo da cultivar *'Roghani'* e os valores médios mais baixos (1,04%) no óleo da cultivar *'Zard'*. O ácido palmítico (C16:0), o principal ácido gordo saturado do azeite, apresentou os valores médios mais elevados (19,10%) no azeite da cultivar *'Roghani'*, em comparação com os azeites das cultivares *'Zard'* e *'Mari'*, em que os valores médios foram 17,26 e 14,05%, respetivamente. O ácido esteárico (C18:0), que é um ácido gordo saturado importante no azeite, não apresentou qualquer diferença significativa entre as três cultivares. Os teores de ácido linoleico (C18:2) e de ácido linolénico (C18:3), que são considerados ácidos gordos polinsaturados, não tiveram qualquer significado nas cultivares. A relação entre o ácido oleico e o ácido linoleico não apresentou diferenças significativas a P<0,05.

Hashempouret *al.* (2010 b) determinaram a composição em ácidos gordos de cinco cultivares de azeite *(Olea europea* L.), *nomeadamente 'Zard', 'Arbequina', 'Coratina', 'Frangivento'* e *'Beledy'*. Os resultados mostraram níveis elevados de ácido oleico nas cultivares de azeitona, variando de 76,08% na cultivar *'Beledy'* até 80,72% na *'Coratina',* enquanto que baixos níveis de ácido linoleico (2,30% a 3,41%) foram obtidos nas cultivares *'Beledy'* e *'Coratina'*, respetivamente. As análises de cromatografia gasosa destacaram que a cultivar *'Coratina'* parece ter o maior teor de ácidos gordos monoinsaturados (81,35%) e ácidos gordos poli-insaturados (3,86 %).

A$ik e Ôzkan (2011) determinaram a composição em ácidos gordos do azeite extraído da cultivar *Memecik*, uma das cultivares economicamente importantes da Turquia. Verificaram que o ácido oleico apresentava a concentração mais elevada (76,91 %), seguido dos ácidos palmítico (11,60 %), linoleico (9,82 %), esteárico (0,99 %) e palmitoleico (0,57%).

Dabbouet *al.* (2011) determinaram a composição em ácidos gordos de quatro Azeites tunisinos de *Chaïbi, Oueslati* e duas cultivares de azeitona de mistura. Verificou-se que os principais ácidos gordos em todas as amostras de azeite eram os ácidos oleico, linoleico, palmítico e esteárico. O ácido oleico apresentou níveis elevados (>70%), exceto na Mix1 (66,2%), seguido do linoleico e do palmítico, que variaram entre 10,92 e 15,47 e 9,35 e 11,45%, respetivamente, em quatro amostras de azeite. Além disso, os rácios de ácido oleico/linoleico dos azeites *Chaibi* e *Oueslati* (5,22 e 6,67, respetivamente) foram relativamente mais elevados do que os dos azeites Mix1 e Mix2 (<4,5).

O consumo de azeite virgem (VOO) está a aumentar em todo o mundo devido às suas excelentes propriedades organolépticas e nutracêuticas. Estas caraterísticas benéficas resultam de uma composição química proeminente e bem equilibrada, que é uma mistura de compostos maiores (98% do peso total do azeite) e menores, incluindo antioxidantes. Os principais antioxidantes são os compostos fenólicos, que podem ser divididos em fenóis lipofílicos e hidrofílicos. Enquanto os fenóis lipofílicos, como os tocoferóis, podem ser encontrados noutros óleos vegetais, a maioria dos fenóis hidrofílicos do azeite é exclusiva da espécie *Olea europaea*, o que lhe confere um interesse quimiotaxonómico. Esta revisão centra-se no perfil antioxidante do azeite e, em particular, nos fenóis hidrofílicos, que se dividem em diferentes subfamílias, tais como ácidos e álcoois fenólicos, hidroxi-isocromanos, flavonóides, secoiridóides, lignanos e pigmentos. São avaliados métodos analíticos para a determinação qualitativa e/ou quantitativa destes compostos. A implementação de protocolos eficientes de preparação de amostras, de técnicas de separação como a cromatografia líquida, a GC e a eletroforese capilar, bem como de técnicas de deteção como a absorção ultravioleta, a fluorescência ou a MS, são fundamentais para o êxito da qualidade dos resultados. Os efeitos dos fenóis hidrofílicos no aumento da estabilidade do VOO, o seu interesse nutracêutico e as propriedades organolépticas também são considerados **(El Riachy *et al.*, 2011).**

Matthaus e Ôzcan (2011) determinaram a composição de ácidos gordos de quatro amostras de azeite de cultivares de azeitona *(Edremit, Gemlik, Domat e Sariulak)* de diferentes locais na Turquia. Verificaram que o ácido oleico era o ácido gordo predominante em todas as amostras de azeite, variando entre 61,09 e 72,78%, seguido do ácido linoleico, que estava representado entre 8,93 e 17,53%.

Alsaed *et al.* (2012) estudaram o efeito da irrigação de oliveiras com água de diferentes tipos (águas residuais tratadas, água de poço e água da chuva) sobre a capacidade de armazenamento do azeite produzido à temperatura ambiente (10-30°C). Os resultados do perfil de ácidos gordos revelaram que as amostras de azeite fresco contêm cerca de 16-18%, 2,3-2,4%, 61-65%, 14-17% e 0,7-0,9% de ácido palmático, esteárico, oleico, linoleico e linolénico, respetivamente.

Guerfel et al. (2012) avaliaram a qualidade de duas cultivares europeias de azeitona, *'Koroneikf* e *'Arbequina',* introduzidas no Sul e no Norte da Tunísia. As azeitonas cultivadas nos dois locais produziram azeites extravirgens. O valor médio do ácido palmítico para a cultivar *"Arbequina"* foi de 17,5% no Sul e de 16,1% no Norte. Em comparação com o azeite virgem desta variedade cultivado em Espanha, a variedade *"Arbequina"* cultivada nas duas localidades da Tunísia produziu azeites com maior teor de ácido palmítico e menor teor de ácido oleico. As cultivares de oliveira apresentaram valores médios diferentes para o ácido oleico, tendo a cultivar *"Koroneikf"* a norte o valor mais elevado (74,8%) e a cultivar *"Arbequina"* a sul o valor mais baixo (57,8%). Amostras de azeite *"Arbequina"* obtidas de árvores cultivadas no Sul e no Norte, revelaram-se ricas em ácidos gordos saturados totais (mais de 18%), essencialmente devido ao seu elevado teor de ácido palmítico. As amostras de azeite *"Koroneiki"* obtidas de árvores cultivadas no Norte apresentaram o teor mais elevado de ácidos gordos monoinsaturados totais (cerca de 77%), devido à sua elevada percentagem de ácido oleico.

Ouni *et al.* (2012) avaliaram a composição química de azeites virgens (VOO) obtidos de árvores da variedade *Chetoui* cultivadas em diferentes altitudes na Tunísia. Todas as amostras foram colhidas utilizando os mesmos procedimentos controlados e foram submetidas a um processamento controlado no mesmo lagar de laboratório. Verificaram que os ácidos gordos identificados foram os ácidos palmítico (C16:0), palmitoleico (C16:1), esteárico (C18:0), oleico (C18:1), linoleico (C18:2), linolénico

(C18:3) e araquídico (C20:0). Os ácidos palmítico, esteárico, oleico e linoleico foram quantificados como os principais. Os ácidos palmitoleico, linolénico e araquídico foram também determinados, mas em menor quantidade, em todas as amostras.

Inarejos-Garciaet *al.* (2013) determinaram a composição de ácidos gordos em azeites virgens (VOO) monovarietais *de Cornicabra* (n=97) produzidos na área geográfica DOP (Denominação de Origem Protegida) "Montes de Toledo". Os resultados mostraram que os ácidos gordos monoinsaturados (MUFA) representavam uma concentração muito superior à dos restantes ácidos gordos, variando entre 79,44 e 83,92%, seguidos dos ácidos gordos saturados (SFA) que representavam 9,64-14,04% e dos ácidos gordos polinsaturados (PUFA) que representavam 3,186,56%. Os rácios entre MUFA/PUFA e SFA/UFA variaram de 12,17 a 26,04 e de 0,14 a 0,18, respetivamente.

2.2.2 Os componentes menores do azeite

A fração dos componentes menores do azeite inclui compostos da matéria insaponificável, que ascendem a cerca de 2% do peso total do azeite, derivados dos lípidos, incluindo mais de 230 compostos químicos, como fosfolípidos, ceras, álcoois alifáticos e triterpénicos, ésteres de esteróis, hidrocarbonetos, compostos voláteis e compostos não relacionados com lípidos, como fenóis, pigmentos e carotenóides **(Servili *et al.*, 2004** e **Hashim *et al.*, 2005).**

2.2.2.1 Compostos fenólicos do azeite

Os ácidos fenólicos representam os ácidos benzóicos de sete carbonos (C -C_{61}) e os ácidos cinâmicos de nove carbonos (C6-C3). Os compostos de ácido hidroxicinâmico ocorrem mais frequentemente como ésteres simples com ácidos hidroxicarboxílicos ou glucose. Os compostos de ácido hidroxibenzóico estão presentes principalmente sob a forma de glucósidos. O ácido p-hidroxibenzóico, o ácido protocatecuico, o ácido vanílico, o ácido gálico e o ácido siríngico são os principais ácidos benzóicos. O ácido salicílico e o ácido gentísico têm um grupo OH orto em relação à função do ácido carboxílico e o ácido gálico ocorre como ésteres do ácido químico nas plantas. Os ácidos *p-cumárico*, cafeico, ferúlico e sinápico são também os ácidos cinâmicos mais importantes. Os ácidos cinâmicos podem ser encontrados em duas formas isoméricas, o ácido cis- e trans-cinâmico, devido ao facto de possuírem uma ligação dupla. Os ácidos fenólicos podem ser conjugados com ácidos orgânicos, açúcares, aminocompostos, lípidos, terpenóides ou outros fenólicos. Muitos compostos fenólicos estão ligados a moléculas de açúcar e são designados por glucósidos ou glicosídeos, consoante o tipo de açúcar. A vanilina é um composto fenólico de anel único derivado da decomposição da lenhina. As cumarinas contêm um heterociclo de oxigénio de seis átomos fundido com um anel de benzeno. Como também possuem a configuração (C6-C3), podem ser consideradas da mesma classe que os ácidos cinâmicos. As cumarinas são lactonas do ácido - hidroxicinâmico. Alguns compostos fenólicos apresentam-se sob a forma de polímeros (frequentemente combinados com glucose). Os taninos são polímeros fenólicos que se combinam com as proteínas da pele dos animais (colagénio) formando o couro. Os flavonóides são compostos fenólicos de 3 anéis, constituídos por um anel duplo ligado por uma ligação simples a um terceiro anel. Estes componentes incluem as flavonas, os flavonóis, as flavanonas, os dihidroflavonóis, as antocianinas, as chalconas e os isoflavonóides **(Ryan e Robards, 1998).**

Owen *et al.* (2000 b) avaliaram os compostos fenólicos numa gama de azeitonas (azeite virgem extra e azeite virgem refinado) e óleos de sementes: a concentração e o potencial antioxidante dos fenóis totais, fenóis simples, secoiridoides e lignanos. Verificaram que os óleos de sementes eram desprovidos, em média, os azeites continham 196 ±19 mg/kg de fenólicos totais, segundo a análise por HPLC, mas o valor para o azeite virgem extra (232 ±15 mg/kg) era significativamente mais elevado do que o do azeite virgem refinado (62 ±12 mg/kg; P<0,0001). Foram detectadas quantidades apreciáveis de fenóis simples (hidroxitirosol e tirosol) nos azeites, com diferenças significativas entre os azeites virgem extra (41,87 ±6,17) e virgem refinado (4,72 ±215; P<0,01). Os principais fenóis ligados foram os secoiridoides e os lignanos. Embora o azeite virgem extra contenha concentrações mais elevadas de secoiridoides (27,72 ±6,84) do que o azeite refinado (9,30 ±3,81), esta diferença não foi significativa. Por outro lado, a concentração de lignanos foi significativamente mais elevada (P<0,001) no azeite virgem extra (41,53 ±3,93) em comparação com o azeite virgem refinado (7,29 ±2,56). Todas as classes de fenólicos demonstraram ser potentes antioxidantes. Em futuros estudos epidemiológicos, tanto a natureza como a fonte do azeite consumido devem ser diferenciadas na determinação do risco de cancro.

Os compostos fenólicos são de importância fundamental para a qualidade e propriedades nutricionais dos azeites virgens. **Garcia *et al.* (2001)** determinaram os fenóis simples e complexos do azeite nas correntes geradas no sistema de extração de duas fases realizado com azeitonas *Arbequina* e *Picual*. A etapa de malaxação reduziu a concentração de orto-difenóis no azeite em *cerca de* 5070%, enquanto que a concentração de não-orto-difenóis se manteve constante, nomeadamente os lignanos 1-acetoxipinoresinol e pinoresinol, recentemente identificados. A oxidação dos orto-difenóis à escala laboratorial foi evitada através da malaxagem da pasta sob uma atmosfera de azoto. Foram também identificados compostos fenólicos na água de lavagem utilizada na centrifugadora vertical. O hidroxitirosol, o tirosol e a forma dialdeídica do ácido fenólico ligado ao hidroxitirosol foram os fenóis mais representativos destas águas. Assim, os compostos fenólicos presentes nas águas de lavagem provêm tanto da fase aquosa como da fase lipídica do mosto oleoso do decantador.

Os compostos fenólicos, que incluem fenóis hidrofílicos e lipofílicos, são os componentes mais importantes da fração polar do azeite, devido às suas propriedades sensoriais e de saúde como antioxidantes naturais. Além disso, estes componentes têm um efeito importante na avaliação da qualidade de um EVOO devido ao seu papel na estabilidade à oxidação, no valor nutricional, no sabor (amargor e adstringência) e nas caraterísticas organolépticas em geral **(Servili *et al.*, 2004).**

Os compostos fenólicos são um grupo importante de metabolitos secundários, que são sintetizados pelas plantas em resultado da sua adaptação a condições de stress biótico e abiótico (infeção, ferimentos, stress hídrico, stress por frio, luz visível elevada). O metabolismo protetor dos fenilpropanóides nas plantas está bem documentado. Nos últimos anos, os compostos fenólicos têm suscitado grande interesse por parte dos investigadores, uma vez que os polifenóis são antioxidantes com propriedades redox, que lhes permitem atuar como agentes redutores, doadores de hidrogénio e supressores do oxigénio singlete. Muitos estudos epidemiológicos demonstraram que o consumo de plantas comestíveis ricas em compostos fenólicos está associado a uma diminuição do risco de doenças degenerativas como o cancro, as doenças cardiovasculares e as disfunções imunitárias. Estes resultados epidemiológicos são corroborados por muitos estudos in vitro e in vivo que demonstram o impacto dos compostos fenólicos na biologia dos mamíferos e revelam o notável âmbito das acções bioquímicas e farmacológicas destes compostos, entre outras, as suas propriedades antivirais, anti-inflamatórias e antialérgicas **(Peng *et al*,. 2005).**

Os fenólicos do azeite contribuem igualmente para o sabor caraterístico e para a elevada estabilidade do azeite contra a oxidação. A fração fenólica do VOO é constituída por uma mistura heterogénea de compostos, cada um dos quais com propriedades químicas diferentes e impacto na qualidade do VOO. Os produtos de degradação dos dois principais constituintes fenólicos do fruto da oliveira *(Olea europea* L.), a oleuropeína e o ligstrosídeo, constituem a maior parte da fração fenólica. Pertencem a este grupo os fenóis simples - hidroxitirosol (**1**), tirosol (**2**), acetato de hidroxitirosol (**3**), acetato de tirosol - e as agliconas secoiridóides - as formas dialdeídicas abertas da aglicona descarboximetilada da oleuropeína (**4**) e do ligstrosido (**5**) e as formas monoaldeídicas fechadas da oleuropeína (**6**) e das agliconas do ligstrosido (**7**). Além disso, foi registada a presença de dois lignanos, o pinoresinol (**8**) e o 1-acetoxipinoresinol (**9**). Os ácidos fenílicos e as flavonas são outras classes de fenólicos identificadas no VOO; no entanto, ocorrem em quantidades muito baixas no VOO em comparação com os derivados secoiridoides **(Hrncirik e Fritsche, 2004).**

Os compostos fenólicos contribuem de forma importante para as propriedades nutricionais, as caraterísticas organolépticas e o tempo de conservação do azeite. Os derivados da hidrólise da oleuropeína contribuem para a intensidade do amargor do azeite virgem (VOO) e, em especial, o hidroxitirosol, o tirosol, o ácido cafeico, os ácidos cumárico e o ácido *p-hidroxibenzóico* influenciam as caraterísticas sensoriais do VOO. Os compostos fenólicos desempenham um papel importante na saúde humana devido às suas actividades anti-inflamatórias, antialérgicas, antimicrobianas, anticarcinogénicas e antivirais. Evitam a peroxidação lipídica e a modificação oxidativa das lipoproteínas de baixa densidade (LDL) através das suas actividades antioxidantes **(Tripoli *et al.*, 2005).**

Nos frutos da oliveira encontram-se ácidos fenólicos com a estrutura química de base C6-C1 (ácidos benzóicos) e C6-C3 (ácido cinâmico). Os compostos como os ácidos cafeico, vanílico, siríngico, *p-cumárico*, *o-cumárico*, protocatecuico, sinápico e *p-hidroxibenzóico* constituem o primeiro grupo de fenóis observado no VOO. O hidroxitirosol (3, 4-di-hidroxifenil-etanol) e o tirosol (p-hidroxifenil-etanol) são os álcoois fenólicos mais abundantes na azeitona. Foram também isolados e caracterizados os secoiridoides (oleuropeína, desmetiloleuropeína, ligstrosídeo) e os lignanos (1-acetoxipinoresinol, pinoresinol). A luteolina e a apigenina são os compostos flavonóides do azeite **(Bendini *et al.*, 2007).**

Jiménez *et al.* (2007) determinaram os compostos fenólicos (tirosol, ácido cafeico, ácido p-cumarico e oleuropeína) em amostras de azeite virgem. As amostras foram diluídas com 2-propanol e injectadas na coluna diretamente sem extração prévia. Verificou-se que a representação dos compostos fenólicos variava entre 0,052 e 0,16 lg/g. Foram analisadas várias amostras de azeite virgem e os valores de recuperação foram da ordem dos 110%.

Oliveras-Lopez *et al.* (2007) determinaram o teor de fenólicos em azeites virgens extra monocultivares selecionados. As análises foram efectuadas por HPLC/DAD/MS nos azeites *Picual, Picuda, Arbequina* e *Hojiblanca* de Espanha e nos azeites *Seggianese* e *Taggiasca* de Itália. Os azeites da cultivar *Picual* apresentaram caraterísticas semelhantes às dos azeites *Seggianese*, com quantidades totais de secoiridoides de 498,7 e 619,2 mg/L, respetivamente. A composição fenólica dos azeites *de Arbequina* é próxima da da variedade *Taggiasca*, sendo os lignanos os principais compostos. A determinação do hidroxitirosol livre e ligado (OH-Tyr), através de uma hidrólise ácida, representa um método rápido e adequado, especialmente quando não existem padrões disponíveis, para determinar o potencial antioxidante em termos de MPC, em especial para os azeites virgens extra frescos ricos em derivados secoiridóidicos.

Baccouri *et al.* (2008 b) determinaram a quantidade de compostos fenólicos dos azeites virgens de algumas azeitonas selvagens selecionadas *(Olea europaea L. subsp.*

Oleaster). Os autores demonstraram que o teor médio de fenóis totais nas amostras analisadas foi de 293 mg/kg, embora se tenha observado uma gama alargada de concentrações, desde 182 *(MAT22)* até 430 mg/kg *(H3).* O óleo *H3* apresentou os teores mais elevados de fenóis e o-difenóis (435,3 e 217,6 mg/kg, respetivamente), enquanto o óleo *MAT22* apresentou os teores mais baixos (186 e 105 mg/kg, respetivamente).

Os azeites virgens extra monovarietais extraídos de seis cultivares de azeitona turcas dominantes e economicamente importantes *(memecik, erkence, domat, nizip-yaglik, gemlik, ayvalik)* foram examinados por **Ocakoglu, *et al.* (2009)** quanto aos seus fenólicos simples, ácidos fenólicos e compostos flavonóides durante as colheitas de 2005 e 2006. Foram também medidos os teores totais de fenóis, as estabilidades oxidativas e as ordenadas cromáticas como parâmetros de cor. Os compostos fenólicos mais típicos que foram identificados em ambos os anos são o hidroxitirosol, o tirosol, o ácido vanílico, o ácido p-cumárico, o ácido cinâmico, a luteolina e a apigenina. Os dados multivariados foram analisados por componentes principais e análises discriminadas de mínimos quadrados parciais. Observou-se que os perfis fenólicos dos azeites dependiam muito da época de colheita. Além disso, os azeites de diferentes cultivares de oliveira têm uma distribuição diferente dos fenóis. Não se observou uma correlação significativa entre a estabilidade oxidativa e os compostos fenólicos. O aumento do índice de peróxidos durante um período de oxidação acelerada de 11 dias mostrou correlações fracas com o teor de fenóis totais, vanilina e ácido siríngico.

Hashempouret *al.* (2010 a) investigaram a qualidade do azeite virgem de três grandes cultivares iranianas, incluindo *'Zard', 'Roghani'* e *'Mark,* cultivadas na região de Kazeroon, localizada na parte sul do Irão. Os resultados da quantificação dos compostos fenólicos indicaram que a cultivar *'Zard'* tinha o tirosol mais elevado e *a 'Mari'* tinha o ácido cinâmico e o ácido vanílico mais elevados.

Asik e Ôzkan (2011) avaliaram a concentração de compostos fenólicos, que é um parâmetro importante na avaliação da qualidade do azeite virgem porque os fenóis contribuem em grande parte para o sabor do azeite e protegem a fração de ácidos gordos livres da oxidação, do azeite extraído da cultivar *Memecik*, uma das cultivares economicamente importantes da Turquia. Verificaram que o conteúdo fenólico total da cultivar de azeitona *Memecik* nas colheitas de 2005 e 2006 era de 330,92 e 137,15 mg GAE/kg de azeite, respetivamente.

Dabbou et al. (2011) estudaram a capacidade antioxidante de extractos fenólicos de quatro azeites tunisinos de Chaïbi, Oueslati e duas cultivares de azeitona de mistura. Os resultados indicaram que o teor de fenóis totais variava entre 396 e 652 mg kg^{-1} . Além disso, a capacidade antioxidante mais elevada no azeite virgem, medida pelos dois métodos: atividade antioxidante total pelo teste ABTS (TAA-ABTS) e atividade de eliminação de radicais pelo ensaio DPPH (RSA- DPPH), foi observada no Mix2 (0,9 mmol TE kg-1 e 72,3%, respetivamente), o que demonstrou a correlação entre a capacidade antioxidante dos azeites virgens estudados e os componentes polares e o perfil lipídico, componentes importantes para o seu prazo de validade. Os resultados obtidos neste estudo implicam que as cultivares tunisinas são uma fonte preciosa de compostos bioactivos com actividades antioxidantes elevadas que têm um efeito sinérgico.

Ouni *et al.* (2012) avaliaram a composição química de azeites virgens (VOO) obtidos de árvores da variedade *Chetoui* cultivadas em diferentes altitudes na Tunísia. Todas as amostras foram colhidas utilizando os mesmos procedimentos controlados e foram submetidas a um processamento controlado no mesmo lagar de laboratório. Foram analisados vários parâmetros analíticos, como a composição em ácidos gordos, as quantidades de fenóis, o-difenóis e pigmentos. Todos estes parâmetros mostraram um efeito importante no teor de fenóis dos óleos. O teor total de fenóis foi positivamente correlacionado com a altitude, variando de 817,33 mg/kg (403 m) a 131,91 mg/kg (10 m). No entanto, os resultados dos parâmetros regulamentados na qualidade potencial classificaram todos os azeites analisados na categoria "virgem extra".

Guerfel *et al.* (2012) determinaram os compostos fenólicos de azeites virgens de cultivares introduzidos em dois locais da Tunísia. Verificaram que as amostras de azeite *'Koroneikf* obtidas de árvores cultivadas no Norte continham 3,4-DHPEA-EDA numa concentração de cerca de 69,8 mg kg⁻ 1 e um teor mais elevado de oleuropeína aglicona (3,4-DHPEAEA) do que as amostras de azeite correspondentes obtidas de árvores cultivadas no Sul e amostras de azeite da cultivar *'Arbequina'* nas duas localidades. Por conseguinte, foram observadas respostas diferentes às condições ambientais para os azeites obtidos de frutos de cada cultivar de oliveira. A mesma variação foi observada para o teor dos principais derivados do 2-feniletanol nas amostras de azeite examinadas. Verificou-se que as amostras de azeite obtidas de árvores cultivadas no Norte continham hidroxitirosol e tirosol em concentrações de cerca de 11,3 e 14,6 mg kg⁻ 1, respetivamente; enquanto as amostras de azeite do Norte obtidas da cultivar *'Arbequina'* continham estes fenóis em concentrações de cerca de 3,3 e 7,5 mg kg-1, respetivamente. Outros fenóis simples, como a vanilina, o ácido vanílico, o ácido *o-cumárico*, o ácido cafeico, o ácido siríngico e o ácido ferúlico, foram encontrados em concentrações muito baixas.

Smaoui *et al.* (2012) investigaram os compostos de ácido fenólico em oito amostras de azeite das cultivares tunisinas *Chetoui, Chemlali, Zarrazi* e *Zalmati*, localizadas em Sfax, Thibar, Zarzis e Jerba. Verificou-se que os resultados revelaram a presença de uma vasta gama de ácidos fenólicos, nomeadamente ácido 3,4-di-hidroxifenilacético, ácido p-hidroxifenilacético, ácido protocatecuico, ácido o-cumárico, ácido *p-cumárico*, ácido ferúlico, ácido 4-hidroxicinâmico, ácido 4-hidroxi-3-metoxi-benzoico, ácido 4-hidroxi-benzoico, ácido gálico, ácido siríngico, ácido vanílico, ácido trans-cinâmico, ácido cafeico e ácido 3,5-dimetoxi-4-hidroxicinâmico. Os cinco ácidos fenólicos encontrados em concentrações mais elevadas nos azeites são o ácido p-hidroxifenilacético, o ácido protocatecuico, o ácido o-cumárico, o ácido siríngico e o ácido gálico. O teor de ácido p-hidroxifenilacético variou entre 0,5 e 15,9 mg/Kg. A concentração máxima de ácido protocatecuico observada no azeite *Chemlali Jerba* (17,8 ppm) é 20 vezes superior à do azeite *Chetoui Sfax* (0,9 ppm). O teor de ácido o-cumárico variou entre 3,2 e 9,0 ppm. A concentração máxima de ácido siríngico observada no azeite *Zarrazi Chemmekh* foi duas vezes superior à do azeite *Chemlali Sfax.* Este ácido fenólico não foi detectado nas outras amostras. O teor de ácido gálico variou entre um mínimo de 2,5 e um máximo de 9,2 ppm, que foi registado na amostra de azeite *Zarrazi Chemmekh*. De todas as amostras estudadas, apenas *a Zarrazi Chemmekh* apresentou ácido 3,4-dihidroxi-fenilacético, com um teor de 11,7 mg/Kg.

Dagdelen *et al.* (2013) avaliaram os compostos fenólicos em frutos e azeites de azeitona obtidos das variedades *Ayvalik, Domat* e *Gemlik*, colhidos em diferentes períodos de maturação, por Cromatografia Líquida de Alta Eficiência (HPLC), tendo verificado que o ácido gálico e o ácido *p-cumárico* foram identificados em *Ayvalik* e *Domat* em cada período de maturação, respetivamente. Além disso, o ácido gálico, o ácido *p-cumárico,* o ácido sinapínico e a apigenina foram detectados na azeitona *Gemlik*. Foram determinados o hidroxitirosol, a rutina, a oleoropeína, a luteolina, o tirosol, o ácido vanílico e o ácido gálico nos frutos da azeitona *Ayvalik* em todos os períodos de maturação. O teor de tirosol variou entre 0,18 e 1,57 mg/kg. Os teores de luteolina dos azeites variaram entre 0,12 e 2,28 mg/kg. Em contrapartida, os azeites apresentaram os teores mais baixos de ácido siríngico, *p-cumárico*, clorogénico e ferúlico. Os teores de ácido vanílico dos azeites variaram entre 0,08 e 2,38 mg/kg.

Inarejos-Garcia *et al.* (2013) mediram as análises quimiométricas de dados espectrais NIR (12.500-4000 cm-1) combinados com parâmetros analíticos em azeites virgens (VOOs) mono-varietais *Cornicabra* (n=97) produzidos na área geográfica DOP (Denominação de Origem Protegida) "Montes de Toledo" foram utilizados para gerar modelos de calibração e validação, a fim de poder prever a composição menor de VOO, em particular os seus compostos fenólicos. Verificou-se que os fenóis totais variaram entre 110,73 e 593,95 (mg/kg). O hidroxitirosol e os derivados do tirosol foram os compostos fenólicos predominantes encontrados em todas as amostras.

2.2.2.2 Compostos esterólicos do azeite

Os fitoesteróis constituem a maior parte da fração insaponificável dos azeites e apresentam um perfil mais ou menos caraterístico, o que os torna um instrumento importante para avaliar a genuinidade do azeite. De acordo com **Aparicio e Aparicio-Ruiz (2000)**, as diferenças qualitativas e quantitativas na composição de fitoesteróis entre vários óleos vegetais tornam-nos um parâmetro adequado para verificar a origem botânica dos óleos vegetais e, assim, detetar eventuais adulterações/contaminações. Outros autores sugeriram que a composição em esteróis pode ser útil na caraterização do azeite virgem, especialmente na deteção da adulteração com óleo de avelã e, mais recentemente, na classificação do azeite virgem de acordo com a sua variedade (**Lazzez *et al.*, 2008**). Embora os fitoesteróis dominantes nos azeites sejam o Л-sitosterol, o A5- avenasterol e o campesterol, vários outros compostos menores, como o colesterol, o estigmasterol, o clerosterol, o sitosterol, o A7-estigmastenol e o Л7- avenasterol, também foram referidos como presentes nos azeites (**Matos *et al,*** Estudos clínicos demonstraram que a ingestão alimentar de fitoesteróis, devido à sua semelhança estrutural com o colesterol, pode inibir a sua absorção intestinal, reduzindo assim o colesterol plasmático total e os níveis de lipoproteínas de baixa densidade (**Wong, 2001**). Foi também referido que os fitoesteróis apresentam actividades antioxidantes, antibacterianas e anti-inflamatórias e podem oferecer proteção contra cancros, como o da mama, do cólon e da próstata (**Awad e Fink, 2000**). Além disso, podem influenciar a estabilidade do óleo a altas temperaturas, uma vez que alguns fitoesteróis podem atuar como inibidores da reação de polimerização (**Velasco e Dobarganes, 2002**). Por todas estas razões, os dados relativos à composição dos fitoesteróis são de grande importância para a avaliação qualitativa e nutricional do azeite.

Duga *et al.* (2004) determinaram a composição de esteróis de azeites virgens e verificaram que o P-sitesterol era o principal esterol, variando entre 75,5 e 86,3 mg/Kg, seguido do avenesterol, estigmasterol e campesterol, que estavam representados entre 5,4 e 16,8, 1,3 e 7,1 e 2,1 e 3,9 mg/Kg nos azeites virgens de Sicília.

Boggia *et al.* (2005) estabeleceram a composição química dos azeites de oliva. Verificaram que o P-sitesterol foi o esterol predominante, foi representado por cerca de 91,9 a 94,81 mg/Kg, seguido do campesterol e do Д-7-estigmasterol que foi encontrado variando de 1,72 a 2,98 e mg/Kg, em azeites da cultivar Colômbia.

Cercaci *et al.* (2007) avaliaram a composição e a atividade antioxidante dos esteróis totais em azeites virgens extra obtidos com diferentes tecnologias de extração de azeitonas colhidas em dois estádios de maturação. A atividade antioxidante foi avaliada com um instrumento de estabilidade oxidativa (OSI), utilizando um sistema modelo (constituído por uma mistura de óleo de amendoim refinado comercial tratado/não tratado) enriquecido com as fracções de esteróis totais dos azeites virgens extra. Não se verificou qualquer correlação entre o tempo de OSI e as tecnologias de extração, as fases de maturação ou a quantidade real de esteróis adicionados. Não foram observadas diferenças significativas na composição percentual de esteróis dos azeites virgens extra produzidos com diferentes tecnologias durante o mesmo período de colheita. No entanto, esta última teve um efeito significativo na percentagem de B-sitosterol e 5-avenasterol nos azeites virgens extra produzidos com a mesma tecnologia.

Os esteróis são lípidos nutricionalmente importantes que devem ser determinados por rotina nos alimentos. Os 4-desmetilesteróis, P-Sitosterol são os esteróis predominantes nos óleos de azeitona. Os esteróis menores incluem o Д5-avenasterol, o estigmasterol, o sitostanol e o colesterol. Os dialcoóis triterpénicos eritrodiol e uvaol também estão presentes no azeite, em concentrações que variam entre 10 e 200 mg/kg de azeite. O esterol predominante é o P-sitosterol e o teor total de esteróis depende do tipo de azeite, variando entre 687 e 2.479 mg/kg. O estigmasterol e a quantidade de eritrodiol mais uvaol podem ser utilizados para distinguir entre azeite e óleo de sementes. A análise da composição da fração de esteróis do azeite pode ser utilizada para avaliar o grau de pureza do azeite e a ausência de outros óleos vegetais. Esta determinação permite também caraterizar o tipo de azeite **(Martinez-Vidal *et al.*, 2007)**.

Martinez-Vidalet *al.* (2007) investigaram os esteróis nos azeites utilizando a cromatografia líquida acoplada à espetrometria de massa com ionização química à pressão atmosférica no modo de iões positivos. Um procedimento simples baseado na saponificação e extração dos compostos dos azeites. Foi efectuada a validação do método, incluindo a calibração e a determinação da recuperação e da repetibilidade. Obtiveram uma boa linearidade até 100 mg kg^{-1} para todos os esteróis estudados, com exceção do 0-sitosterol, para o qual se obteve uma linearidade até 2 000 mg kg^{-1} . A recuperação variou de 88 a 110%, os limites de deteção de 0,9 a 3,1 mg kg^{-1} e a precisão foi boa. O método foi utilizado com êxito na análise de esteróis em diferentes tipos de óleo. O esterol predominante foi o 0-sitosterol; foram também detectados outros componentes menores, como o sitostanol e o colesterol. O teor total de esteróis dependeu do tipo de óleo e variou entre 687 e 2.479 mg kg^{-1} . O estigmasterol e a quantidade de eritrodiol mais uvaol podem ser utilizados para distinguir entre azeite e óleo de sementes.

Matos *et al.* (2007) investigaram a composição em esteróis de três azeites varietais (Cvs. *Cobrançosa, Madural e Verdeal)* extraídos de azeitonas com diferentes índices de maturação. Verificaram que o teor de esteróis totais era muito superior ao limiar de 1000 mg kg^{-} 1 estabelecido para o azeite virgem, apresentando também um valor superior ao exigido (>93%) para o 0-sitosterol aparente (constituído pela soma do clerosterol, 0-sitosterol, A5-avenasterol, 0-sitosterol e A^{5,24} - estigmastenol). Enquanto que o 0-sitosterol, o A5-avenasterol, o campesterol e o estigmasterol foram representados em torno de 120,41 a 255; 8,76 a 20,91; 4,07 a 9,10 e 1,01 a 3,7 mg kg^{-} 1, respetivamente.

Matthaus e Ozcan (2011) investigaram a composição em esteróis de quatro amostras de azeites de cultivares de oliveira *(Edremit, Gemlik, Domat e Sariulak)* de diferentes locais da Turquia. Verificou que a concentração de esteróis totais variou de 1200,80 mg/Kg *(Domat)* a 2762,94 mg/Kg *(Sariulak)* nos azeites de todos os frutos de oliveira. O 0-estenol foi o principal esterol, presente em todos os azeites e variando entre 71,4 mg/Kg *(Edremit)* e 87,32 nmg/Kg *(Sariulak).* Outros esteróis com alguma importância foram o campesterol (2,53 a 4,02 mg/Kg), o A -5-Avenasterol (0,58 a 19,6 mg/Kg), o estigmasterol (0,30 a 1,27 mg/Kg). O brassicasterol e o campestenol foram encontrados apenas nas amostras de *Edremit* e Gemlik, respetivamente. De um modo geral, os teores de colesterol, estigmasterol, 7-campestenol, sitostenol, A-^{7} -estigmastenol e A,^{7} - Avenastenol foram encontrados <3 mg/Kg em todas as amostras. O teor de A5-Avenasterol do óleo de *Edremit* (19,6 mg / kg) foi superior ao dos óleos *de Domat, Gemlik e Sariulak.* Sabe-se que o A-5-avenasterol actua como antioxidante e como agente anti-polimerização em óleos de fritura.

Lukic *et al.* (2013) estudaram a composição de esteróis no azeite como indicadores da variedade e do grau de maturação derivados de três variedades de azeitona e produzidos em três períodos de colheita diferentes. A fim de testar a estabilidade dos indicadores propostos, os azeites obtidos foram armazenados durante 12 meses a três temperaturas diferentes. Trinta e seis amostras no total foram submetidas a análise por GC e os resultados foram processados por métodos quimiométricos multivariados. Verificou-se que o Campesterol, 0-sitosterol, A7-campesterol/ A$^{5,\ 24}$ -stigmastadienol, clerosterol, uvaol e campestanol/A7-avenasterol foram estabelecidos como os indicadores de variedade de óleos frescos, enquanto que quando os óleos armazenados foram incluídos no modelo, os três últimos compostos foram substituídos por 24-metileno-colesterol/estigmasterol. As variáveis mais importantes para diferenciar os azeites frescos em função do grau de maturação foram A7-campesterol/0-sitosterol, uvaol/estigmasterol, clerosterol/A^{5} -avenasterol e sitostanol/uvaol, enquanto os azeites armazenados foram diferenciados por campestanol/estigmasterol, eritrodiol, estigmasterol/A7-campesterol, A^5 -avenasterol, 24-metileno-colesterol/ 0-sitosterol e 24-metileno-colesterol.Os resultados demonstraram que os esteróis podem ser utilizados como indicadores da variedade e do grau de maturação dos azeites virgens.

2.2.2.3 Tocoferóis do azeite

A vitamina E é o termo utilizado para designar um grupo de compostos lipossolúveis, constituído por quatro tocoferóis (a-, 0-, y- e 5-) e quatro tocotrienóis (a-, P-, y- e 5). Esta família de compostos é particularmente importante na prevenção dos processos de oxidação lipídica nos azeites, principalmente devido à sua atividade antioxidante. Além disso, tem sido atribuída a estes compostos uma vasta gama de actividades biológicas, uma vez que os evitâmeros vitamínicos têm sido associados a uma ação preventiva contra espécies reactivas de oxigénio em sistemas biológicos (**Woollard e Indyk, 2003**). Embora no passado o a-tocoferol fosse provavelmente o vitamínico mais estudado, uma vez que era considerado a isoforma mais ativa da vitamina E, hoje em dia vários estudos demonstraram que os outros vitamínicos também têm papéis importantes no organismo humano e, por isso, considera-se que contribuem para a bioatividade total dos alimentos. Por exemplo, o a-tocoferol e os tocotrienóis estão correlacionados com a redução dos níveis de colesterol no sangue (**Mishima *et al.*, 2003**) e podem ter uma ação quimiopreventiva (**Campbell *et al.*, 2003**).

O azeite virgem contém 150 a 200 mg/kg de a-tocoferol com uma relação óptima E/ácidos gordos poli-insaturados (miligramas de vitamina E por grama de poli-insaturados). Este rácio, que nunca deve ser inferior a 0,5, quase nunca é encontrado nos óleos de sementes, mas no azeite virgem extra é de 1,5 a 2,0 Nos óleos de sementes, os tocoferóis presentes são principalmente dos tipos p, y e 5, pouco utilizados pelo organismo. O corpo a nível intestinal absorve todos os tipos de tocoferóis igualmente bem, mas depois de o fígado os identificar, elimina os tipos p, y e 5 com a bílis, mantendo apenas a forma a, a verdadeira vitamina E **(Traber e Kajden, 1989).**

A presença de tocoferóis no azeite virgem é um atributo importante que contribui para as suas propriedades nutricionais e antioxidantes. Protegem os componentes gordos da autoxidação e constituem o grupo antioxidante lipofílico necessário para a inibição eficaz da oxidação lipídica em todos os óleos vegetais. De facto, o a-tocoferol, o antioxidante mais importante, representa cerca de 95% do total de tocoferóis no azeite virgem **(Aguilera *et al.*, 2005).**

A determinação da vitamina E também tem sido utilizada para a avaliação da autenticidade e da qualidade dos azeites, com base em perfis qualitativos e quantitativos. **Matoset *al.* (2007) estudaram** os teores de tocoferóis em azeites monovarietais das variedades *Cobrançosa, Madural e Verdeal*, tendo verificado que apenas foram quantificados os três principais tocoferóis, possivelmente devido aos baixos valores dos outros vitamers.

No azeite virgem extra (EVOO), os tocoferóis normalmente descritos são os que também foram detectados por **Baccouri *et al.* (2008 a)** que estudaram a influência do estádio de maturação da azeitona nos índices de qualidade, o teor de tocoferóis dos dois principais azeites virgens monovarietais tunisinos *(Chétoui* e *Chemlali)*. Os a-, P- e y-tocoferóis, juntamente com os compostos fenólicos polares, são responsáveis pela estabilidade oxidativa do azeite e, por conseguinte, pelo seu tempo de conservação, com especial destaque para o a-tocoferol. Em todas as amostras testadas, e como esperado para o EVOO, o a-tocoferol é de longe a isoforma mais abundante da vitamina E. As duas variedades comportaram-se de forma diferente em resposta ao processo de maturação. No *Chemlali* EVOO, o teor de a-tocoferol manteve-se praticamente constante até ao RI 3.5, tendo depois diminuído nos últimos estádios. Em *Chétoui*, nas amostras obtidas em sistema de sequeiro, os teores de a-tocoferol não apresentam uma tendência unívoca durante a maturação da azeitona. Em contrapartida, no azeite *Chétoui* submetido ao regime de rega, o teor de a-tocoferol diminuiu ligeiramente ao longo da maturação. Os teores das isoformas p e y não mostraram uma tendência tão clara à medida que a maturação avançava. Este comportamento já foi constatado noutras cultivares.

Entre os antioxidantes naturais presentes no azeite virgem, os tocoferóis destacam-se pela sua atividade antioxidante e pela sua importante atividade nutricional. **Baccouri *et al.* (2008 b)** determinaram o teor e a fração de tocoferóis dos azeites virgens de algumas azeitonas silvestres selecionadas *(Olea europaea L. subsp. Oleaster). A* análise dos tocoferóis por HPLC revelou a presença de a, P, y e 5 tocoferóis em todos os azeites estudados. Verificou-se que o teor total de tocoferóis foi significativamente influenciado pelo fator varietal. Este teor variou entre 310 *(SB12)* e 780 mg/kg *(H3)*. Quanto aos tocoferóis totais, a quantidade de cada tocoferol variou de acordo com o genótipo. O a-tocoferol é o mais proeminente; as alterações no seu teor reflectem a variação do tocoferol total em todos os azeites testados, enquanto os tocoferóis P, y e 5 estão menos representados e as suas concentrações não excedem 100 mg/kg. Tal como sugerido por vários autores, a fração de tocoferóis nos azeites virgens é constituída principalmente por a - tocoferóis; estas substâncias exercem simultaneamente uma potência vitamínica e uma ação antioxidante. As amostras de azeite estudadas apresentam diferentes teores de a - tocoferóis, que variam entre 170 (SB_{12}) e 590 mg/kg (H3).

Dolgun *et al.* (2010) verificaram que o a-tocoferol, o P-tocoferol, o Y-O teor de tocoferol e 5-tocoferol da cultivar de azeitona *Memecik* convencional (RI: 6,21) foi de 443,50, 2,77, 7,56 e 0,6 ppm, respetivamente. Vários factores, como a variedade, a localidade, o clima, o índice de maturação e o tratamento pós-colheita, podem alterar as concentrações de tocoferol nos azeites.

Asik e Ôzkan (2011) estudaram o teor de tocoferóis do azeite extraído da cultivar *Memecik*. Mostraram que o a-tocoferol era o tocoferol mais abundante em comparação com os tocoferóis Y, P e 5-, que representavam 205,45 ppm, enquanto os tocoferóis Y, P e 5- representavam cerca de 1,64, 6,06 e 0,32 ppm.

Dabbou ***et al.*** **(2011)** avaliaram o teor de a-tocoferol de quatro azeites tunisinos de *Chaïbi, Oueslati* e duas cultivares de azeitona de mistura. Mostraram que a gama de teores de a-tocoferol nos azeites estudados é ampla. Registaram-se diferenças significativas nos teores de a-tocoferol, que são altamente dependentes da variedade ($p < 0,05$). De facto, as quantidades de a-tocoferol variaram entre 171,64 mg *kg'1 (Oueslati)* e 457,85 mg kg-1 (Mix1).

Matthaus e Ôzcan (2011) investigaram o teor de tocoferóis de quatro amostras de azeites de cultivares de oliveira *(Edremit, Gemlik, Domat e Sariulak)* provenientes de diferentes locais da Turquia. Verificou que a quantidade total de tocoferóis variou entre 2,38 mg/Kg *(Sariulak)* e 21,51 mg/Kg *(Gemlik)*. Estas quantidades de tocoferóis podem ser interessantes para aplicações em produtos dietéticos, farmacêuticos ou biomédicos. O teor de a-tocoferol das amostras situou-se entre 0,56 mg/Kg *(Sariulak)* e 20,29 mg/Kg (*Gemlik*). O y-tocoferol só foi encontrado no óleo de Edremit e o 5-tocoferol foi encontrado no óleo *de Sariulak*. De um modo geral, a composição de tocoferóis foi dominada pelo a-tocoferol. Os tocoferóis são componentes importantes da fração insaponificável dos alimentos vegetais. O azeite contém a-tocoferol na gama de 12-150 ppm.

Inarejos-Garcia ***et al.*** **(2013) determinaram** o teor de tocoferóis em azeites virgens (VOOs) monovarietais *Cornicabra* (n=97) produzidos na área geográfica DOP (Denominação de Origem Protegida) "Montes de Toledo". Verificou-se que os tocoferóis totais variavam entre 110,80 e 278,80 (mg/kg). O a-tocoferol era o principal teor de tocoferóis, que variava entre 90,96 e 249,33. Enquanto os tocoferóis P e y variaram entre 9,11 e 17,20 e 10,73 e 36,56, respetivamente, em todas as amostras.

2.2.2.4 Esqualeno e outros hidrocarbonetos do azeite

O esqualeno ($C\ H_{3050}$) é um hidrocarboneto importante no azeite. O esqualeno é um precursor bioquímico dos fitoesteróis e constitui até 40 por cento do peso da matéria insaponificável do azeite. O azeite é o maior produtor de esqualeno entre os óleos vegetais, e o esqualeno constitui até 90% dos hidrocarbonetos do azeite, em níveis que variam entre 200 e 750 mg/kg de azeite ou mesmo superiores (800-1200 mg/kg de azeite). O teor de esqualeno no azeite depende da cultivar e da tecnologia de extração, sendo drasticamente reduzido durante o processo de refinação. O esqualeno é também conhecido pela sua contribuição para a estabilidade oxidativa do azeite (**Psomiadou e Tsimidou, 1999**). Estudos sugeriram que o elevado teor de esqualeno do azeite, em comparação com outros alimentos humanos, é um fator importante no efeito redutor do risco de cancro do azeite, devido aos seus efeitos quimiopreventivos (**Rao *et al.*, 1998**).

Owen *et al.* (2000 a) avaliaram o teor de esqualeno numa gama de óleos de azeitona e de sementes. Verificaram que foi detectada uma média de 290 ± 38 mg de esqualeno/100 g. No entanto, enquanto se registaram diferenças pouco significativas entre os azeites virgem extra (424 ± 21 mg/kg) e virgem refinado (340 ±31 mg/100 g; P<0,05), foram evidentes diferenças altamente significativas entre os azeites virgem extra (P<0,0001), os azeites virgem refinado (P<0,0001) e os óleos de sementes (24 ± 5 mg/100 g).

Os hidrocarbonetos nos sistemas lipídicos naturais estão presentes em quantidades muito pequenas (< 0,2% do total de lípidos); a única exceção é o azeite virgem, que contém cerca de 0,5% e é constituído principalmente por esqualeno. Os hidrocarbonetos são formados por uma série homóloga de compostos lineares que são principalmente cadeias saturadas de 15-33 átomos de carbono; nas matrizes alimentares, a maioria dos hidrocarbonetos tem um número ímpar de compostos ramificados presentes, que exibem estruturas *iso* e *anteiso* **(Lercker e Rodriguez-Estrada, 2000).**

Baccouri *et al.* (2008 a) estudaram a influência do estado de maturação da azeitona nos índices de qualidade, o teor de esqualeno como principal hidrocarboneto do azeite das duas principais cultivares monovarietais tunisinas *(Chétoui* e *Chemlali)* de azeites virgens. Verificou-se que o teor de esqualeno representa mais de 90% da fração de hidrocarbonetos. As amostras de *Chemlali* apresentam o teor mais elevado de esqualeno, atingindo 10,48 g kg^{-} 1 de azeite. Durante o processo de maturação, este teor diminuiu notavelmente para 2 g kg^{-} 1 de óleo. O mesmo comportamento foi observado nos azeites *Chétoui* obtidos em regime de irrigação; de facto, o teor de esqualeno diminuiu progressivamente de 5,99 para 3,58 g kg^{-} 1 à medida que a maturação avançava. No entanto, nos azeites *Chétoui* obtidos em condições de sequeiro, este teor aumentou até atingir um máximo de 8,27 g kg^{-} 1 no quarto estádio de maturação da azeitona, tendo depois diminuído.

2.3 Caraterísticas físicas e químicas do azeite

Aydin *et al.* (2009) determinaram as propriedades físicas e químicas do azeite extraído das variedades *Memecik* e *Tavçanyüregi*. Verificaram que o índice de fratura

(n_{20}D), a acidez (como ácido oleico%), o índice de peróxido (mEq/kg), o índice de iodo (gI_2 /100g) e a matéria insaponificável (g/100g) eram de 1,461 e 1,477;0,4 e 0,6; 3,7 e 4,1; 73,34 e 85,69; 0,7 e 1,1; respetivamente.

Gulfrazet *al.* (2009) determinaram as propriedades físico-químicas de um novo óleo comestível extraído de amostras de frutos de azeitona selvagem *(Oleacuspidata)*, possivelmente utilizado para consumo humano. Os resultados indicam que o índice de refração do azeite (1,331 a 1,372), a gravidade específica (0,91 a 0,93), os valores de pH (5,1 a 5,5), o índice de iodo (75,2 ± 1,2 a 91,4 ±1,5), o índice de peróxidos (14,2 ± 0.2 a 20,3 ± 0,8 mg/kg de óleo), índice de saponificação (175,6 ± 1,2 a 187,3 ± 1,8 mg KOH /g), matéria insaponificável (12,6 ± 0,4 a 15,6 ± 0,8 g/kg) e índice de acidez (0,7 ± 0 a 1,3 ± 0 mEg/ kg).

Azlan *et al.* (2010) estudaram as propriedades químicas de amostras de azeite. Verificaram que o índice de iodo (g $_{I2/100}$ g), o índice de saponificação (mgKOH/g), o índice de peróxidos (mEq/kg)e o índice de acidez (mg KOH/g) eram de 83,10, 189,30, 7,98 e 0,84, respetivamente.

Borchani *et al.* (2010) determinaram as caraterísticas físico-químicas do azeite. Verificaram que os ácidos gordos livres (como ácido oleico %), o índice de peróxidos (meq O_2 kg^- 1 de azeite), o índice de iodo (g de I_2 100 g^- 1 de azeite), o índice de saponificação (mg KOH g^- 1 de azeite) e o índice de refração (a 20 °C) foram apresentados em cerca de 0,56, 0,99, 81,23, 97,94 e 1,471 da amostra de azeite, respetivamente.

Dabbou *et al.* (2011) determinaram os ácidos gordos livres (AGL) e o índice de peróxidos (PV) dos nossos azeites tunisinos de *Chaïbi, Oueslati* e duas cultivares de azeitona de mistura. Os resultados mostraram que os AGL (% como ácido oleico) e o PV (meq O_2 kg^- 1) estavam representados entre 0,17 e 0,75 e 8,67 e 15,67, respetivamente, em todas as amostras de azeite.

Guerfel *et al.* (2012) avaliaram os ácidos gordos livres (AGL) e o índice de peróxidos (PV) de azeites virgens de cultivares introduzidas em dois locais da Tunísia. Os resultados indicaram que o AGL (% como ácido oleico) variou entre 0,27 a 0,50 e 0,19 a 0,30, enquanto o PV (meq O_2 kg^- 1) foi apresentado variando de 5,20 a 2,87 e 4,20 a 3,52 das amostras de azeite obtidas das cultivares norte e sul de *Koroneiki* e *'Arbequina";* respetivamente.

Opoku-Boahen *et al.* (2012) determinaram as caraterísticas físicas e químicas do azeite e de outros óleos vegetais. Os resultados mostraram que a gravidade específica, o índice de refração (30° C), o índice de iodo, o índice de saponificação (mgKOH/g), o índice de acidez (mgKOH/g) e os ácidos gordos livres (%) eram de 0,9121, 1,466, 88,83, 241,23, 0,374 e 4,33 da amostra de azeite, respetivamente.

3. ÍNDICES DE QUALIDADE DO AZEITE

3.1 Estabilidade oxidativa do azeite

O tempo de indução não tem uma norma oficial, mas é uma medida útil para comparar a estabilidade relativa de diferentes azeites, pelo que é considerado um bom instrumento para avaliar a resistência do azeite à oxidação. Para tal, a amostra é aquecida e exposta ao oxigénio para iniciar a oxidação, e a formação de hidroperóxidos é medida, quer por titulação, quer eletronicamente. Um Rancimat Metrohm 679 - uma máquina que acelera a oxidação do azeite - é normalmente utilizado para determinar o tempo de indução do azeite. É utilizada uma temperatura fixa de 130°C e um caudal de ar de 20 l/hora. Os componentes voláteis que se desenvolvem como resultado da oxidação são medidos neste processo. Quando o óleo começa a oxidar, é registada a alteração da condutividade da água utilizada para reter estes componentes voláteis. Os resultados são registados como tempo de indução em horas (**Kiritsakis *et al.*, 2002**).

Os ácidos gordos monoinsaturados são mais estáveis e oxidam menos rapidamente do que os polinsaturados. O azeite virgem extra (EVOO) é um excelente exemplo de óleo rico em ácido oleico, um ácido gordo monoinsaturado. A sua estabilidade oxidativa relativamente elevada é também contribuída pelo seu elevado teor de tocoferóis e fenólicos (**Gomez-Alonso *et al.*, 2003**).

Baccouri *et al.* (2008 a) estudaram a influência do estado de maturação da azeitona nos índices de qualidade, a estabilidade oxidativa dos azeites virgens das duas principais cultivares monovarietais tunisinas *(Chétoui* e *Chemlali)*. Estabilidade à oxidação, medida pelo método Rancimat, do azeite virgem extra (EVOO) em diferentes estádios de maturação. Verificaram que as amostras analisadas mais estáveis eram os azeites *Chétoui* (57,1-75,5 h). É sabido que as variações da estabilidade oxidativa são afectadas por alguns compostos menores, como os fenóis e os tocoferóis. Assim, tal como observado no teor de fenóis totais, os valores da estabilidade oxidativa dos azeites *Chétoui* e *Chemlali* EVOO aumentaram progressivamente até atingirem um máximo no RI 4.1 e 3.5, respetivamente, após o que diminuíram. Em todos os azeites testados, a estabilidade diminuiu nas últimas fases de maturação. Esta tendência é explicada pela perda de antioxidantes naturais (fenóis e tocoferóis), como demonstrado anteriormente.

Baccouri *et al.* (2008 b) determinaram a estabilidade oxidativa dos azeites virgens de algumas azeitonas selvagens selecionadas *(Olea europaea L. subsp. Oleaster)*. Verificaram que a estabilidade dos azeites estudados é altamente influenciada pelo fator varietal. O valor mais elevado de estabilidade foi registado no azeite *H3*, o que pode ser explicado pela sua riqueza em fenóis e mais exatamente em o-difenóis. Tal como se verificou em relação ao teor de fenóis, a estabilidade oxidativa das sete amostras de azeite é uma das mais elevadas das variedades de azeitona tunisinas, por exemplo *Chemchali* (22h), *Chétoui* (36h) e *Oueslati* (22h).

Kiralan *et al.* (2009) determinaram a composição em ácidos gordos de algumas importantes cultivares de azeitona *(Kilis yaglik, Halhali, Karamani, Hasebi, Nizip yaglik)* na região do Mediterrâneo Oriental. Os resultados indicaram que o período de indução (IP) mais elevado foi de 36,42 h, encontrado na cultivar *Halhali* (da província de Gaziantep), que também apresentou uma forte atividade de eliminação de radicais (RSA) (96,72%) em metanol: extrato de água e 94,91% em óleo total) em todas as amostras. O teor total de fenol e o-difenol para esta cultivar foi de 495,42 e 76,89 mg de ácido cafeico/kg de óleo, respetivamente. A estabilidade à oxidação e a atividade antirradicalar da cultivar *Kilis yaglik* (da província de Kilis) foram muito fracas quando comparadas com outras cultivares (IP; 10,40 h, RSA em metanol: extrato aquoso; 30,94%, RSA no óleo total; 52,31%). Além disso, o teor total de fenol e o-difenol para esta cultivar foi de 38,31 e 5,03 mg de ácido cafeico/kg de óleo, respetivamente.

Dabbou *et al.* (2011) mediram o período de indução (PI) utilizando o método Rancimat em quatro azeites tunisinos das cultivares *Chaïbi, Oueslati* e duas cultivares de azeitona de mistura. Os resultados mostraram que os valores variavam consoante a cultivar. *O* azeite *Oueslati* apresenta um valor muito elevado deste parâmetro (>9h), seguido do azeite *Mix2* (7,31h), enquanto os outros azeites *(Mix1* e *Chaïbi)* apresentam valores semelhantes (7h). As diferentes estabilidades oxidativas das quatro amostras resultam da composição em ácidos gordos e do efeito de vários pró/antioxidantes presentes nos azeites.

Guerfel *et al.* (2012) avaliaram a estabilidade oxidativa de azeites virgens de cultivares introduzidas em dois locais da Tunísia. A estabilidade oxidativa dos azeites virgens foi medida com o equipamento Rancimat. Verificou-se que, para ambas as cultivares, o azeite mais estável foi obtido no Norte (57 e 15 h, para *'Koroneikk* e *'Arbequina'*, respetivamente). As diferenças observadas na estabilidade oxidativa dos azeites estudados provenientes de diferentes locais podem ser explicadas pelos seus perfis antioxidantes. Os azeites produzidos no Norte apresentavam uma quantidade importante de fenóis e um nível elevado de ácido oleico.

Ouni *et al.* (2012) avaliaram a estabilidade oxidativa, utilizando o aparelho Rancimat, de azeites virgens (VOO) obtidos de árvores da variedade *Chetoui* cultivadas a diferentes altitudes na Tunísia. Observaram que existe uma correlação direta entre a estabilidade e a altitude de cultivo, em particular o azeite dos locais mais elevados apresentou a estabilidade mais elevada (73,25 h vs. 16,78 h).

Smaouiet *al.* (2012) determinaram os valores de estabilidade oxidativa em oito amostras de azeite das cultivares tunisinas *Chetoui, Chemlali, Zarrazi* e *Zalmati*, localizadas em Sfax, Thibar, Zarzis e Jerba. Verificou-se que as amostras de azeite variavam entre um mínimo de 15,4 h e um máximo de 73,5 h. Os valores de estabilidade à oxidação exibidos pelos azeites *Chemlali Sfax, Zarrazi Mareth, Chemlali Jerba e Zarrazi Chemmekh* eram inferiores a 48 h.

3.2 Extinção específica a 232 e 270nm no azeite

As medições da absorvância em comprimentos de onda específicos na região UV são utilizadas para fornecer informações sobre a qualidade do azeite. O EVOO deve apresentar coeficientes de extinção a 232 e 270 nm, respetivamente, inferiores a 2,50 e 0,25. As absorvências espectrofotométricas K_{232} e K_{270} tiveram um comportamento semelhante ao do índice de peróxidos: diminuíram com um índice de maturação mais tardio, de acordo com a tendência do índice de peróxidos. Em nenhum caso, em nenhuma das amostras, estes coeficientes ultrapassaram 2,50 e 0,20, os limites respectivos para a categoria "azeite virgem extra" **(Baccouri *et al.*, 2008 a)**.

Kiralan *et al.* (2009) mediram a quantidade de compostos oxidados que ressoam nos comprimentos de onda de 232 e 270 nm no espetro ultravioleta (UV) de algumas importantes cultivares de azeite *(Kilis yaglik, Halhali, Karamani, Ha^ebi, Nizip yaglik)* na zona do Mediterrâneo Oriental. Verificaram que os valores de K_{232} , K_{270} e AK eram 1,78-2,71, 0,12-0,20 e 0,001-0,009, respetivamente. O valor de K_{232} de uma amostra (amostra C) excedeu o valor-limite (K_{232} <2,50) estabelecido pela norma comercial DO COI para o azeite e o óleo de bagaço de azeitona. Os valores de AK de todas as amostras são inferiores ao valor-limite.

Dolgun *et al.* (2010) referiram que o índice de peróxidos (meq O2/kg de azeite), a acidez livre como ácido oleico (%) e o valor K_{232} da cultivar de azeitona *Memecik* convencional (RI: 6,21) eram de 12,07, 1,71 e 1,86, respetivamente.

Hashempouret *al.* (2010 a) mediram a quantidade de certos compostos oxidados que ressoam nos comprimentos de onda de 232 e 270 nm no espetro ultravioleta num espetrofotómetro de azeite virgem de três grandes cultivares iranianas, incluindo *'Zard', 'Roghani'* e *'Mari* cultivadas na região de Kazeroon, localizada na parte sul do Irão. Verificaram que o valor de K_{232} era de 0,74, 0,72 e 0,68 para os ácidos gordos conjugados diénicos, enquanto o valor de K_{270} era de 0,078, 0,093 e 0,076 para os ácidos gordos conjugados triénicos das cultivares de azeite virgem *"Zard", "Roghani"* e *"Mari"*, respetivamente.

Asik e Ôzkan (2011) estudaram as propriedades antioxidantes do azeite extraído da cultivar *Memecik*, uma das cultivares economicamente importantes da Turquia. O valor médio e os desvios-padrão dos parâmetros de qualidade do azeite. Verificou-se que os valores de AK não excederam o valor limite estabelecido pela norma do Turkish Food Codex para o azeite e o óleo de bagaço de azeitona. Enquanto que K_{232} e K_{270} foram contabilizados 1,49 e 0,09; respetivamente.

Dabbou *et al.* (2011) determinaram as caraterísticas de absorção no UV a 232 nm (K_{232}) e 270 nm (K_{270})dos nossos azeites tunisinos *de Chaïbi, Oueslati* e duas cultivares de azeitona de mistura. Os resultados indicaram que os valores de K232 e K270 variaram entre 2,14 e 2,29 e entre 0,19 e 0,21, respetivamente, em todas as amostras de azeite.

Guerfel *et al.* (2012) avaliaram as propriedades de absorção de UV a 232 e 270 nm de azeites virgens de cultivares introduzidos em dois locais da Tunísia. Verificaram que o *valor* de K_{232} *nas* amostras de azeite de *Koroneikr* obtidas de árvores cultivadas no Norte e no Sul foi de 1,70 e 1,00, enquanto que foi contabilizado 1,21 e 1,45 nas amostras de azeite do Norte e do Sul obtidas da cultivar *'Arbequina"*; respetivamente. Por outro lado, o valor de K_{270} foi de cerca de 0,15 e 0,20 para as amostras de azeite de *Koroneiki* do norte e do sul, enquanto foi de 0,11 e 0,09 para as amostras de azeite obtidas das cultivares do norte e do sul da variedade *'Arbequina'*, respetivamente.

Inarejos-Garcia *et al.* (2013) avaliaram o K_{232} e o K_{270} , que mede a quantidade de compostos oxidados utilizando um espetrómetro nos comprimentos de onda de 232 e 270 nm no espetro ultravioleta (UV) em azeites virgens (VOO) monovarietais *de Cornicabra* (n=97 amostras) produzidos na zona geográfica DOP (Denominação de Origem Protegida) "Montes de Toledo". Os resultados indicam que os valores de K_{232} e K_{270} variam entre 1,22 e 1,95 e entre 0,06 e 0,17, respetivamente.

3.3 Isómeros de ácidos gordos trans no azeite

A utilização da espetrometria de infravermelhos e da cromatografia gasosa para determinar o teor de trans em óleos e gorduras comestíveis foi amplamente investigada e está normalizada pela American Oil Chemists Society (**AOCS, 1989**). Dois dos métodos utilizam a cromatografia gasosa e o terceiro utiliza a espetrometria de infravermelhos convencional. A determinação quantitativa por espetrometria de infravermelhos baseou-se no facto de os isómeros trans isolados em óleos e gorduras darem origem a uma fraca absorção em torno de 969 cm^{-1} devido à banda de deformação CH fora do plano. No entanto, esta banda é larga com uma linha de base inclinada para baixo devido à sobreposição da absorção larga dos triglicéridos e das bandas de deformação CH fora do plano resultantes do CLA na amostra. Os CLA trans dão origem a uma única absorção em torno de 988 cm^{-1} e os ácidos gordos conjugados cis-trans e trans-cis dão origem a duas bandas de absorção a 981 e 947 cm^{-1} . Na presença de ácidos gordos trans isolados nos glicéridos, a banda a 981 cm^{-1} desloca-se para um número de onda ligeiramente superior.

Brühl. (1996) determinação de ácidos *gordos trans* em óleos prensados a frio. Os resultados indicaram que o azeite virgem não deve exceder 0,05% de isómeros *transC18:1* resumidos ou isómeros C18:2 e C18:3. Por meio de cromatografia gasosa capilar, os azeites prensados a frio (0,012-0,035% de ácidos gordos *trans*) e os azeites lavados a vapor (0,019-0,053% de ácidos gordos *trans*) não puderam ser diferenciados uns dos outros, se fosse necessária uma verificação estatística. Os óleos refinados contêm 0,141,47% de ácidos gordos trans. Os níveis mais elevados de ácidos gordos trans só podem ser detectados em gorduras e óleos tratados termicamente a temperaturas superiores a 200 °C. Por conseguinte, é difícil identificar misturas de óleos vegetais virgens e desodorizados utilizando o teor de ácidos gordos *transisómeros* como critério.

A redução do grau de insaturação dos óleos alimentares por hidrogenação é um processo industrial para produzir margarina ou gorduras curtas. Durante a hidrogenação, ocorre a conversão da isomerização *cis* em *trans*. As moléculas que contêm *trans-isómeros* podem empacotar-se de forma ordenada e, por conseguinte, têm uma fusão elevada em comparação com as moléculas *cis* correspondentes. Esta isomerização *cis-trans* durante a hidrogenação contribui para o endurecimento líquido do óleo alimentar. Existem diversas variedades de margarinas no mercado, algumas das quais contêm até 40% de ácidos gordos trans. Verificou-se que estes substitutos da manteiga que contêm ácidos gordos trans têm potencial para aumentar o colesterol **(Mossoba *et al.*, 1996).**

^{13}A espetroscopia de RMN de C tem sido utilizada **(Vlahov, 1999)** para detetar a presença de ácidos gordos trans, que são prejudiciais para a saúde humana. Os ácidos gordos trans estão presentes em alguns tipos de azeite (especialmente no óleo de bagaço) em concentrações muito baixas, enquanto que o azeite virgem extra deveria estar isento de ácidos gordos trans. A presença de ácidos gordos trans no azeite virgem extra é indicativa de fraude. As regiões do espetro de^{13} C mais úteis para a deteção e quantificação dos ácidos gordos trans são as regiões alílica e olefínica. As ressonâncias do carbono alílico e/ou olefínico dos isómeros cis e trans estão bem separadas, permitindo uma integração exacta e reprodutível.

Os ácidos gordos trans e os ácidos linoleicos conjugados (CLA) em óleos e gorduras alimentares foram, pela primeira vez, determinados quantitativamente em simultâneo por espetroscopia de infravermelhos e quimiometria. A tarefa foi realizada através do estabelecimento de modelos de calibração utilizando os perfis espectrais de infravermelhos das misturas de ácidos gordos trans e CLA no azeite virgem, que não contém ácidos gordos trans e CLA. Os perfis de infravermelhos foram analisados na região 1000-850 cm_1 onde se situam as vibrações de flexão CH dos ácidos gordos trans e as vibrações de deformação CH do CLA. Foram estabelecidos dois modelos de calibração, um para trans e/ou CLA na gama de 1-2,5% no azeite e um segundo para trans e/ou CLA na gama de 030% no azeite **(Christyet *al.*, 2002)**.

O requisito obrigatório em muitos países de declarar a quantidade de gordura trans presente em produtos alimentares e suplementos dietéticos levou à necessidade de metodologias sensíveis e exactas para a quantificação rápida do total de gorduras e óleos trans. A cromatografia gasosa capilar (GC) e a espetroscopia de infravermelhos (IR) são os dois métodos mais utilizados para identificar e quantificar os ácidos gordos trans para fins de rotulagem alimentar (ver o artigo de Delmonte e Rader nesta edição do ABC para uma apresentação detalhada da metodologia GC). O presente artigo faz uma revisão exaustiva da técnica de IR e das actuais metodologias de IR por reflexão total atenuada (ATR) e por transformada de Fourier (FT) para a determinação rápida do total de gorduras e óleos trans. Esta análise aborda também as potenciais fontes de interferências e imprecisões nas determinações por FTIR, em especial as efectuadas a níveis baixos de trans. Observações recentes mostraram que a presença de gorduras saturadas causava interferências nos espectros FTIR observados para os triacilgliceróis trans. O reconhecimento e a resolução de questões quantitativas anteriormente não resolvidas melhoraram a exatidão e a sensibilidade da metodologia FTIR. Uma vez validado, prevê-se que o novo procedimento ATRFTIR de segunda derivada negativa tornará a espetroscopia de IV mais adequada do que nunca, e um método alternativo e/ou complementar rápido ao GC, para a determinação rápida de gorduras trans totais para cumprimento da regulamentação **(Mossobaet *al.*, 2007)**.

Embora o azeite contenha mais de 80 por cento de gorduras insaturadas - na sua maioria monoinsaturadas (oleico), embora existam pequenas quantidades de gorduras polinsaturadas (linoleico e linolénico) - a maioria das gorduras insaturadas no azeite tem a configuração *cis*, em que os átomos de hidrogénio estão do mesmo lado das ligações duplas da cadeia de carbono. No entanto, durante alguns processos, como o branqueamento e a desodorização, existe a possibilidade de conversão em ácidos gordos trans. Os ácidos gordos cis têm uma atividade metabólica regular, mas os ácidos gordos trans (ácidos gordos que contêm o isómero *trans* na sua ligação) parecem ser metabolizados de forma diferente dos seus isómeros *cis*, com efeitos adversos para a saúde. *Os transgordos* são preocupantes porque o seu consumo leva ao aumento das lipoproteínas de baixa densidade (LDL - colesterol "mau") e à redução das lipoproteínas de alta densidade (HDL - colesterol "bom"). O azeite, devido à sua composição especial de ácidos gordos, tem de facto um impacto benéfico no controlo dos níveis de colesterol, e o papel do azeite na prevenção de doenças cardiovasculares é único (**Vossen, 2007**).

Estudos epidemiológicos sugeriram que as doenças cardíacas estão em proporção direta com a concentração de colesterol no sangue. Para além do impacto benéfico das gorduras insaturadas *cis*, a presença de uma percentagem mais elevada de ácidos gordos insaturados no azeite pode torná-lo vulnerável a uma rancidez (oxidação) rápida, em comparação com outros óleos que contêm gorduras *trans* (naturalmente ou por hidrogenação), devido à presença da dupla ligação. No entanto, a presença de quantidades elevadas de substâncias antioxidantes, como fenóis, tocoferóis e outros antioxidantes naturais, evita a oxidação lipídica do azeite no organismo, eliminando a formação de radicais livres que podem causar a destruição das células. É importante, no entanto, que sejam tomadas precauções rigorosas, especialmente no engarrafamento, armazenamento e transporte do azeite, para garantir que este se mantém em boas condições. *Os transisómeros* de ácidos gordos no azeite também podem ser detectados por cromatografia gasosa. O calor e a hidrogenação torcem a forma (*trans*) de modo a que esta não se adapte corretamente às enzimas. As novas leis de rotulagem nos EUA exigem que, desde 2006, os produtos sejam rotulados com o seu teor de ácidos *gordos trans*. O azeite também sofre a conversão de isómeros *cis* em isómeros *trans* durante o aquecimento, tal como acontece com outros óleos vegetais; no entanto, a conversão em isómeros *trans* é menor nos azeites em comparação com outros óleos vegetais devido à presença de um elevado nível de compostos fenólicos (**Vossen, 2007**).

Referências

Abd El-Salam, A. S. M.; Doheim, M. A.; Sitohy, M. Z. e Ramadan, M. F. (2011). Desacidificação de azeite de alta acidez. J. Food Process Technol, S5: 1-7.

ADA (Associação Americana de Diabéticos) (1994). Declaração de posição: recomendações e princípios nutricionais para pessoas com diabetes mellitus. *Diabetes Care,* 17: 519-522.

Aguilera, M. P.; Beltran, G.; Ortega, G. D.; Fernandez, A.; Jimenez, A. e Uceda, M. (2005). Caracterização do azeite virgem de cultivares italianas de oliveira: *'Frantoio'* e *"Leccino",* cultivadas na Andaluzia. Alimentar Química, **89:**387- 391.

Aguilera, M. C.; Ramirez-Tortosa, M. D.; Mesa, A. Gil. (2000). Do MUFA and PUFA have beneficial effects on development of cardiovascular disease? Em Recent Research Developments in Lipids (Advances in Lipid Research); Pandalai, S. G., Ed.;Transworld Research Network: Trivandrum, Índia, 2000; pp369-390.

Alarcon de la Lastra, C. A.; Barranco, M. D.; Motilva, V., e Herrerias, J. M. (2001). Dieta mediterrânica e saúde: importância biológica do azeite. Current Pharm. Des., 7: 933-950.

Alsaed, A.K.; Al-Ismail, K.e Deraniya, I.M. (2012). Efeito do tipo de água utilizada na irrigação de oliveiras na armazenabilidade do azeite à temperatura ambiente.Pakistan J. Nutr., 11 (8): 696-699.

Aparicio, R. e Aparicio-Ruiz, R. (2000). Autenticação de óleos vegetais por técnicas cromatográficas. J. Chromatogr. A, 881: 93-104.

Asik, H.U. e Ôzkan, G. (2011). Propriedades Físicas, Químicas e Antioxidantes do azeite extraído da Cultivar Memecik. Akademik Gida (Academic Food Journal), 9(2): 13-18.

Assy, N.; Nassar, F.; Nasser, G. e Grosovski, M. (2009). Olive oilconsumption and non-alcoholic fatty liver disease.World J. Gastroenterology., 21; 15(15): 1809-1815.

Awad, A.B. e Fink, C.S. (2000). Os fitoesteróis como componente dietético anticancerígeno: provas e mecanismo de ação. J. Nutr., 130: 21272130.

Aydin, C.; Ôzcan, M. M. e Gümü^T. (2009). Caraterísticas nutricionais e tecnológicas do fruto e do azeite de oliveira *(Olea europea L.)*: duas variedades cultivadas em dois locais diferentes da Turquia. Inter. J. Food Sci. and Nutr., 60(5): 365-373.

Azlan, A.; Prasad, K. N.; Khoo, H. E.; Abdul-Aziz, N.; Mohamad, A.; Ismail, A. e Amom, Z. (2010). Comparação de ácidos gordos, vitamina E e propriedades físico-químicas de Canarium odontophyllum Miq. (J. Food Composition and Analysis, 23: 772-776.

Baccouri, O.; Guerfel, M. ; Baccouri, B.; Cerretani, L.; Bendini, A.; Lercker, G.; Zarrouk, M. e Ben Miled, D. D. (2008 a). Chemical composition and oxidative stability of Tunisian mono-varietalvirgin olive oils with regard to fruit ripening. Food Chemistry, 109: 743-754.

Baccouri, B.; Zarrouk, W.; Baccouri, O.; Guerfel, M.; Nouairi, I.; Krichene, D.; DaouD, D. e Zarrouk, M. (2008 b). Composição, qualidade e estabilidade oxidativa de azeites virgens de algumas azeitonas silvestres selecionadas *(Olea europaea L. subsp. Oleaster).Grasas* Y Aceites, 59 (4): 346-351.

Baroni, S. S.; Amelio, M.; Sangiorfi, Z.; Gaddi, A. e Battino, M. (1999). Dieta sólida monoinsaturada reduz o traço de insaturação e a oxidabilidade do LDL em pacientes hipercolesterolémicos (tipo IIb). *Free Radical Res., 30,* 275280.

Beltran, G.; Rio, C.D.; Sanchez, S. e Martinez, L.(2004). Influência da data de colheita e do rendimento da cultura na composição em ácidos gordos dos azeites virgens de Cv. *Picual.* J. Agric. Food Chem*., 52:3434-3440.*

Bendini, A.; Cerretani, L.; Carrasco-Pancorbo, A.; Gomez-Caravaca, A.M.; Segura-Carretero, A.; Fernandez-Gutiérrez, A. e Lercker,

G. (2007). Moléculas fenólicas em azeites virgens: um levantamento das suas propriedades sensoriais, efeitos na saúde, atividade antioxidante e métodos analíticos. Uma visão geral da última década. Molecules, 12:1679-1719.

Bes-Rastrollo, M.; Sanchez-Villegas, A.; de la Fuente, C.; de Irala, J.; Martinez, J. A., e Martinez-Gonzalez, M. A. (2007). Consumo de azeite e alteração de peso: o estudo de coorte prospetivo SUN. *Lipids,* 41: 249-256.

Boggia, R.; Evangelisti, F.; Rossi, N.; Salvedeo, P. e Zunin, P. (2005). Composição química dos azeites de oliva da cultivar Colômbia composição dos azeites de oliva da cultivar Colabaia. Grasa y Aceites, 56: 276-283.

Borchani, C.; Besbes, S.; Blecker, Ch. e Attia, H. (2010). Caraterísticas Químicas e Estabilidade Oxidativa da Semente de Sésamo, Pasta de Sésamo e Azeites.J. Agric. Sci. Tech., 12: 585-596.

Brühl, L. (1996). Determinação de ácidos gordos trans em óleos prensados a frio e em sementes secas. Fett/Lipid,98:380-383.

Campbell, S.; Stone, W.; Whaley, S. e Krishnan, K. (2003). Desenvolvimento do gama (y)-tocoferol como agente quimiopreventivo do cancro colorrectal. Crit. Rev. Oncol./Hematol., 47: 249-259.

Cercaci, L.; Passalacqua, G.; Poerio, A.; Rodriguez-Estrada, M. T. e Lercker, G. (2007). Composição de esteróis totais (4-desmetil-esteróis) em azeites virgens extra obtidos com diferentes tecnologias de extração e sua influência na estabilidade oxidativa do azeite.Food Chemistry, 102: 66-76.

Dabbou, S.; Brahmi, F.; Dabbou, S.; Issaoui, M.; Sifi, S. e Hammami, M. (2011). Antioxidant capacity of Tunisian virgin olive oils fromdifferent olive cultivars. Afri. J. Food Sci. Techn., 2(4): 092-097.

Dagdelen, A.; Tumen, G.; Ozcan, M. M. e Dundar, E. (2013). Perfis fenólicos de frutos de azeitona *(Olea europaea L.)* e óleos das variedades *Ayvalik, Domat* e *Gemlik* em diferentes estágios de maturação. Food Chemistry, 136: 41-45.

Dais, P. e Hatzakis, E. (2013). Avaliação da qualidade e autenticação do azeite virgem por espetroscopia NMR: Uma revisão crítica. Analytica Chimica Ata, artigo no prelo (1-27).

de Caraffa, V. B.; Gambotti, C.; Giannettini, J.; Maury, J.; Berti, L. e Gandemer, G. (2008). Utilização de perfis lipídicos e genótipos para a caraterização dos azeites *da Córsega.* Eur. J. Lipid Sci. Technol., 110: 40-47.

Dolgun, O.; Ôzkan, G. e Erbay, B. (2010). Comparação de azeites derivados de métodos agrícolas orgânicos certificados e convencionais. Asian J. Chemistry, 22 (3): 2339-2348.

Duga, G. M.; Alfo, M.; La Pora, L.; Mavrogeni, E. e Pollicino, D. (2004). Characterization of Sicilian virgin olive oils. Nota X. A. comparação entre as variedades Cerasuola e Nocellara del Belice. Grasas y Aceites, 55: 415-422.

CEE, (1991). Caraterísticas dos óleos de bagaço de azeitona e de azeitona e respectivos métodos de análise Regulamento CEE 2568/91. Jornal Oficial das Comunidades Europeias, 248: 1-82.

CEE, (2003). Caraterísticas dos óleos de bagaço de azeitona e de azeitona e respectivos métodos de análise Regulamento CEE 1989/2003. Jornal Oficial das Comunidades Europeias, 298: 57-66.

Garcia, A.; Brenes, M.; Martinez, F.; Alba, J.; Garcia, P. e Garrido, A. (2001). Avaliação por Cromatografia Líquida de Alta Eficiência de Fenóis no azeite virgem durante a extração à escala laboratorial e industrial. J.A.O.C.S., 78: 625-629.

Garcia-Gonzalez, D.L.; Aparicio-Ruiz, R. e Aparicio, R. (2008). Azeite virgem - implicações químicas na qualidade e na saúde. European J.Lipid Science and Technology,110:1-6.

Guerfel, M.; Mansour, M. B.; ouni, Y.; Boujnah, D. e Zarrouk, M. (2012). Qualidade da composição de azeites virgens de cultivares introduzidos em dois locais da Tunísia. African J. Agricultural Research, 7(16): 2469-2474.

Gulfraz, M.; Kasuar, R.; Arshad, G.; Mehmood, S.; Minhas, N.; Asad, M. J.; Ahmad, A. e Siddique, F. (2009). Isolamento e caraterização de óleo comestível de azeitona selvagem.Afric. J. Biotechn., 8 (16): 3734-3738.

Hashempour, A.; Ghazvinil, R. F.; Bakhshi, D.; Aliakbar, A.; Papachatzis, A. e Kalorizou, H.(2010a). Caracterização de azeites virgens *(Olea europaea* L.) de três principais cultivares iranianas, *'Zard', 'Roghani ' e Mari '* na região de Kazeroon.Biotechnol. e Biotechnol. Eq. 24/2010/4:2080-2084.

Hashempour A.; Ghazvini, R. F.; Bakhshi, D. and Sanam, S. A.(2010 b). Fatty acids composition and pigments changing of virgin olive oil *(Olea europea* L.) in five cultivars grown in Iran,A.J.C.S., 4(4):258- 263.

Hashim, Y.Z.H.Y.; Gill, C.I.R.; McGlynn, H. e Rowland, I.R. (2005). Components of olive oil and chemoprevention of colorectal cancer. Nutrition Reviews, 63:374-386.

Hrncirik, K. e Fritsche, S. (2004). Comparabilidade e fiabilidade de diferentes técnicas para a determinação de compostos fenólicos em azeite virgem. European Journal of Lipid Science and Technology, 106: 540-549.

Ibanez, E.; Benavides, A. M. H.; Senoran, F. J. e Reglero, G. (2002). Concentração de esteróis e tocoferóis do azeite de oliva com dióxido de carbono supercrítico. J.A.O.C.S., 79 (12): 1255 -1260.

Inarejos-Garcia, A.M.; Gomez-Alonso, S.; Fregapane, G. e Salvador, M.D. (2013). Avaliação de componentes menores, caraterísticas sensoriais e qualidade do azeite virgem por espetroscopia de infravermelho próximo (NIR). Food Research International, 50: 250-258.

COI (2011). Conselho Oleícola Internacional Normas comerciais aplicáveis aos azeites e óleos de bagaço de azeitona. COI/T.15/ NC, N.º 3/Rev. 6, 4-5.Conselho Oleícola Internacional.

Jiménez, M. S.; Velarte, R. e Castillo, J.R. (2007). Determinação direta de compostos fenólicos e fosfolípidos em azeite virgem por cromatografia líquida micelar. Food Chemistry, 100: 8-14.

Kaskoos, R.A.; Amin, S.; Ali, M. e Mir, S.R. (2009). Composição química do óleo fixo de *Olea europaea* Drupes do Iraque. Research J.Medicinal Plant, 3(4):146-150.

Kharazi, P. R. (2008). Será que a quantidade de compostos fenólicos depende das variedades de azeitona? J. FoodAgric.and Environment, 6(2): 125-129.

Kiralan, M.; Bayrak, A. and Ôzkaya, M. T. (2009). Oxidation Stability of Virgin Olive Oils from Some ImportantCultivars in East Mediterranean Area in Turkey. J. Am.OilChem. Soc., 86:247-252.

Kiritsakis, A.; Kanavouras, A. e Kiritsakis, K. (2002). Análise química, controlo de qualidade e questão da embalagem do azeite. Eur. J. Lipid Sci. Technol., 104: 628-638.

Lamuela-Raventos, R. M.; Gimeno, E.; Fito, M.; Ana-IsabeL, C.; Covas, M.; Torre-Boronat, M. C. D. e Lopez-Sabater, M. C. (2004). Interação dos Componentes Antioxidantes do Fenol do Azeite com a Lipoproteína de Baixa Densidade. Biol. Res., 37: 247-252.

Lazzez, A.; Perri, E.; Caravita, M.A.; Khlif, M. e Cossentini, M. (2008). Influência do estado de maturação da azeitona e da origem geográfica em alguns componentes menores do azeite virgem da variedade *Chemlali*. J. Agric. Food Chem., 56: 982-988.

Leon, L.; Uceda, M.; Jiménez, A.; Martin, L. M.e Rallo, L.(2004). Variabilidade da composição de ácidos gordos em progénies de azeitona *(Olea europaea* L.)Spanish J. Agric. Research, 2 (3): 353-359.

Lercker, G. e Rodriguez-Estrada, M.T. (2000). Chromatographic analysis of unsaponifiable compounds of olive oils and fat-containing foods. Journal of Chromatography A, 881 (2000) 105-129.

Lukic, M.; Lukic, I.; Krapac, M.; Sladonja, B. e Pilizota, V. (2013). Esteróis e dióis triterpénicos no azeite como indicadores de variedade e grau de maturação. Food Chemistry, 136: 251-258.

Martinez-Vidal, J. L.; Garrido-Frenich, A.; Escobar-Garcia, M. A. e Romero-Gonzalez, R. (2007). LC-MS Determinação de Esteróis em Azeite. Chromatographia, 65: 695-699.

Matos, L.C.; Cunha, S.C.; Amaral, J.S.; Pereira, J.; Andrade, P.; Seabra, R.M. e Oliveira, B.P.P. (2007). Caracterização quimiométrica de três azeites varietais (Cvs. Cobrançosa, Madural e Verdeal Transmontana) extraídos de azeitonas com diferentes índices de maturação. Food Chem.,102: 406-414.

Matthaus, B. e Ôzcan,M. M. (2011). Determinação do teor de ácidos gordos, tocoferol, esteróis e 1,2- e 1,3-diacilgliceróis em quatro azeites virgens diferentes. J. Food Process Technol., 2: 117-120.

Mensink, R. P. e Katan, M. B. (1992). Effect of dietary fatty acids on serum lipids and lipoproteins. Arterioscler, Thromb. Vasc. Biol., 12: 911-919.

Menz, G. e Vriesekoop, F. (2010). Alterações físicas e químicas durante a maturação das azeitonas Gordal Sevillana (Olea europea L., cv. Gordal sevillana). J. Agric. Food Chem., 58: 4934-4938.

Mishima, K.; Tanaka, T.; Pu, F.; Egashira, N.; Iwasaki, K.; Hidaka, R.; Matsunaga, K.; Takata, J.; Karube, Y. e Fujiwara, M.(2003). As isoformas de vitamina E a-tocotrienol e y-tocoferol previnem o enfarte cerebral em ratos. Neurosci. Lett. , 337: 56-60.

Moral, P. S. e Méndez, V. R. (2006). Produção de azeite de bagaço de azeitona. Grasas Y Aceites, 57 (1): 47-55.

Mossoba M.M.; Yurawecz, M.P. and McDonald R.E., (1996) Rapid determination of total trans content of neat hydrogenated oilsby attenuated total reflection spectroscopy, J.O.A.C.S. 73 (8): 1003-1009.

Nergiz, C. e Engez, Y.(2000). Variação da composição do fruto da azeitona durante a maturação. Food Chemistry,69:55-60.

Ocakoglu, D.; Tokatli, F.; Ozen, B. e Korel, F. (2009): Distribuição de fenóis simples, ácidos fenólicos e flavonóides em azeites virgens extra monovarietais turcos durante dois anos de colheita. Food Chemistry, 113: 401410.

Opoku-Boahen, Y.; Azumah, S.; Apanyin, S.; Novick, B. D. e Wubah, D. (2012). A qualidade e a determinação por infravermelhos dos teores de ácidos gordos trans em alguns óleos vegetais comestíveis. Afric. J. Food Sci. Techn., 3(6): 142-148.

Oliveras-Lopez, M. J.; Innocenti, M.; Giaccherini, C.; leri, F.; Romani, A. e Mulinacci,N. (2007). Estudo da composição fenólica dos azeites virgens extra monocultivares espanhóis e italianos: Distribuição de lignanos, secoiridoídicos, fenóis simples e flavonóides. Talanta 73: 726732.

Ouni, Y.; Taamalli, A.; Guerfel, M.; Abdelly, C.; Zarrouk, M. e Flamini, G.(2012). Os compostos fenólicos e a qualidade composicional do azeite virgem Chétoui: Efeito da altitude. African J. Biotechn., 11(55): 11842-11850.

Owen, R. W.; Giacosa, A.; Hull, W. E.; Haubner, R.; Würtele, G.; Spiegelhalder, B. e Bartsch, H. (2000 a). Olive-oil consumption and health: thepossiblerole of antioxidants. The Lancet Oncologia, 1:107-111.

Owen, R. W.; Mier, W.; Giacosa, A.; Hull, W. E.; Spiegelhalder, B. e Bartsch, H. (2000 b). Compostos fenólicos e esqualeno em azeites: concentração e potencial antioxidante de fenóis totais, fenóis simples, secoiridoides, lignanos e esqualeno. Food and Chemical Toxicology, 38: 647-659.

Owen, R. W.; Haubner, R.; Mier, W.; Giacosa, A.; Hull, W. E.; Spiegelhalder, B.; Bartsch, H. (2003). Theisolation , structural elucidation and antioxidant potential of the major phenolic compounds in brined olive drupes. Food Chem. Toxicol., 41: 703-717.

Owen, R. W.; Haubner, R.; Würtele, G.; Hull, W. E.; Spiegelhalder, B.e Bartsch, H. (2004). As azeitonas e o azeite na prevenção do cancro. European J. Cancer Prevention, 13 (4):319-326.

Peng, Y.; YE, J. e Kong, J. (2005). Determinação de Compostos Fenólicos em Perilla frutescens L.por Eletroforese Capilar com Deteção Eletroquímica. J. Agric. Food Chem., 53: 8141-8147.

Perez-Jimenez, F.; Ruano, J.; Perez-Martinez, P.; Lopez-Segura, F. e Lopez-Miranda, J. (2007). A influência do azeite na saúde humana: não é apenas uma questão de gordura. Molecular Nutrition Food Research, 51: 11991208.

Psaltopoulou, T.; Naska, A.; Orfanos, P.; Trichopoulos, D.; Mountokalakis, T. e Trichopoulou, A. (2004). Azeite, a dieta mediterrânica e a pressão arterial: o estudo grego European Prospective Investigation into Cancerand Nutrition (EPIC). Am. J. Clin. Nutr., 80: 10121018.

Psomiadou, E. e Tsimidou, M. (1999). Sobre o papel do sequaleno na estabilidade do azeite. J. Agric. Food Chem., 47: 4025-4032.

Ramirez-Tortosa, M. C.; Aguilera, C. M.; Quiles, J. L. e Gil, A. (1998). Influência dos lípidos da dieta na composição das lipoproteínas e na oxidação induzida pelasLDL Cu^{2+} em coelhos com aterosclerose experimental. Biofactores, *8:* 79-85.

Rana, M.S. e Ahmed, A. A. (1981). Caraterísticas e composição do azeite da Líbia. J. A.O.C.S., maio, 630-631.

Rao, C. N.; Newmark, H. L. e Reddi, B. S. (1998). Chemopreventive effect of squalene on colon cancer (Efeito quimiopreventivo do esqualeno no cancro do cólon*)*. Carcinogenesis, 19: 287-290.

Romero, C., Medina, E., Vargas, J., Brenes, M., & de Castro, A. (2007). Atividade in vitro dos polifenóis do azeite contra a *Helicobacter pylori.* J. Agric. Food Chem., 55: 680-686.

Ryan, D. e Robards, K. (1998). Compostos fenólicos em azeitonas. Analyst, 123:41 -44.

Servili, M.; Selvaggini, R.; Esposto, S.; Taticchi, A.; Montedoro, G. e Morozzi, G. (2004). Propriedades sanitárias e sensoriais dos fenóis hidrofílicos do azeite virgem: aspectos agronómicos e tecnológicos da produção que afectam a sua presença no azeite. Journal of Chromatography A, 1054:113-127.

Smaoui, S.; Hlima, H. B Jarraya, R.; G.kamoun, N.; Ellouze, R. e Damak, M. (2012). Caracterização físico-química e análise de várias variedades de azeite da Tunísia: Compostos menores e ácidos gordos. J.Chem.Soc.Pakistan, 34 (2): 491-498.

Traber, M.G. e Kajden, H.I. (1989). Incorporação preferencial de a-tocoferol vs y-tocoferol em lipoproteínas humanas. Am. J. Clin. Nutr., 49:517-26.

Tripoli, E.; Giammanco, M.; Tabacchi, G.; Di Majo, D.; Giammanco, S. e La Guardia, M. (2005). Os compostos fenólicos do azeite: estrutura, atividade biológica e efeitos benéficos para a saúde humana. Nutrition Research Reviews,18:98-112.

Velasco, J. e Dobarganes, C. (2002). Estabilidade oxidativa do azeite virgem.Eur. J. Lipid Sci. Technol., 104: 661-676.

Vichi, S.; Pizzale, L.; Toffano, E.; Bartolomeazzi, R. e Conte, L. (2001). Deteção de óleo de avelã em azeite virgem através da avaliação de esteróis livres e triacilgliceróis. J.AOAC Inter., 84: 1534-1541.

Vinhas, A. F.; Ferreres, F.; Silva, B. M.; Valentâo, P.; Gonçalves, A.; Pereira, J. A.; Oliveira, M. B. P. P.; Seabra, R. M.; Andrade, P. B. (2005). Perfis fenólicos de frutos de oliveira portuguesa *(Olea europaea L.):*

Influências da cultivar e da origem geográfica. Food Chem, 89: 561- 568.

Viola,P. e Viola, M. (2009). O azeite virgem como componente nutricional fundamental e protetor da pele. Clinics in Dermatology, 27: 159-165.

Visioli, F. e Galli, C. (1998). O efeito dos constituintes menores do azeite nas doenças cardiovasculares: novas descobertas. Nutrition Reviews, 56: 142-147.

Vlahov, G. (1999). Aplicação da RMN ao estudo dos azeites. Progr. NMR Spectrosc., 35: 341-357.

Vossen, P. (2007). International Olive Council (IOC) and California Trade Standards for Olive Oil. Universidade da Califórnia, Extensão Cooperativa. (disponível em http://ucce.ucdavis.edu).

Weinbrenner, T.; Fito, M.; De la Torre, R.; Saez, G. T.; Rijken, P. e Tormos, C. (2004). Os azeites de oliva ricos em compostos fenólicos modulam o estado oxidativo/antioxidativo nos homens. Journal of Nutrition, 134: 23142321.

Wong, N.C. (2001). Os efeitos benéficos dos esteróis vegetais no colesterol sérico.Can. J. Cardiol. , 17: 715-721.

Woollard, D.C. e Indyk, H.E. (2003). Tocoferóis. Em Encyclopedia of Food Science and Nutrition. Academic Press, Londres, pp. 5789-5796.

Zarrouk, W.; Carrasco-Pancorbo, A.; Zarrouk, M.; Segura-Carretero, A. e Fernandez-Gutierrez, A. (2009). Análise multicomponente (esteróis, tocoferóis e diálcoois triterpénicos) da fração insaponificável de óleos vegetais por cromatografia líquida-ionização química de pressão atmosférica-espetrometria de massa com armadilha de iões. Talanta 80: 924 - 934.

Printed by Books on Demand GmbH, Norderstedt / Germany